U0817845

太空之路

◎王思潮 著

南京出版传媒集团
南京出版社

图书在版编目（CIP）数据

太空之路 / 王思潮著. -- 南京 : 南京出版社,
2017.1
ISBN 978-7-5533-1538-6

Ⅰ. ①太… Ⅱ. ①王… Ⅲ. ①宇宙 – 普及读物 Ⅳ.
①P159-49

中国版本图书馆CIP数据核字（2016）第237065号

书　　名：太空之路
作　　者：王思潮
出版发行：南京出版传媒集团
　　　　　南 京 出 版 社

社址：南京市太平门街53号　　邮编：210016
网址：http://www.njcbs.cn　　电子信箱：njcbs1988@163.com
淘宝网店：http://njpress.taobao.com　　天猫网店：http://njcbcmjtts.tmall.com
联系电话：025-83283893、83283864（营销）　025-83112257（编务）

出 版 人：朱同芳
出 品 人：卢海鸣
责任编辑：徐碧超
装帧设计：王　敏
责任印制：杨福彬

排　　版：南京新华丰制版有限公司
印　　刷：南京艺中印刷有限责任公司
开　　本：787 毫米 × 1092 毫米　1/16
印　　张：9
字　　数：132 千字
版　　次：2017 年 1 月第 1 版
印　　次：2017 年 1 月第 1 次印刷
书　　号：ISBN 978-7-5533-1538-6
定　　价：48.00 元

淘宝网店　　天猫网店

从张骞造访银河的神话说起

我国古代就有张骞乘星槎造访银河的神话故事。相传当年汉武帝派张骞去探寻黄河的源头，以便控制水量，避免洪涝灾害的发生。张骞乘槎溯河而上，经过数日他来到一处，眼前出现了一座房屋。屋前有一妇女在织布，还有一男子牵着牛在河边饮水。张骞问道："这是什么地方？"男子回答说："四川成都有个善于占卜的奇人叫严君平（西汉早期道家学者、思想家），你可以回去问他，我们是什么人，这是什么地方。"织布的妇女还赠给他一块石头让他带回去。张骞带着石头乘槎而返，后又找到严君平询问。严君平听完张骞的叙述，仔细查看了那块石头，对张骞说："去年八月的一天晚上，我在观察天象时看到有客星犯牛郎星和织女星，看来是你乘槎到了银河之上，你遇到的那两个人就是牛郎和织女呀！"张骞听完后，想到自己如此的奇遇，感叹不已！而那块石头，后来也被东方朔（西汉时期著名的文学家，他性格诙谐，言词敏捷）认出，正是天上的织女用以支撑织布机的石头。

这可能是中国关于宇宙航行的最古老传说。实际上，张骞所乘的槎，就是星槎，就是宇宙航行的飞船。他已登上银河，见到了那里的牛郎和织女，这是一次奔向太空之路的神话传说。

我国古代嫦娥奔月的神话同样反映了人类想要飞向太空的梦想，这个梦想现在已经实现。1969年7月20日美国东部时间下午4点17分42秒，人类的飞船登上了月球，当时的美国宇航员阿姆斯特朗对美国宇航局说：“休斯顿，这里是静海基地，‘鹰舱’已经着陆。”

随后，阿姆斯特朗打开舱门，背朝外开始从九级的梯子上慢慢下去。在第二级阶梯上他拉了一根绳子，打开了电视照相机的镜头，让五亿人看到了他小心翼翼地下降到月球的场面。

在下午10点56分20秒，当阿姆斯特朗的靴子踩到月球表面时，他说：“对一个人来说，这是小小的一步，但对人类来说，这是一个巨大的飞跃。”

阿姆斯特朗的声音象征着一个新时代的到来，从此人类开创了宇航员通往月球的太空之路。

但就是这小小的一步，标志着人类探索太空的梦想将更加遥远，人类还要飞向火星，飞向木星、土星，甚至要飞出整个太阳系。

同时，飞向太空之路并不是单行线。人类的飞船能飞向别的星球，那么，如果别的星球也有智慧生命，他们的飞船会不会来到我们地球村呢？

人类不仅要让飞船飞向太空，探索宇宙的奥秘，我们还要用自己的肉眼、用望远镜去感受太空之路的瑰丽景色，获取乐趣。

CONTENTS | 目　录

引　言　充满诱惑的星空

上　篇　外星人在哪里?

下　篇　太空星球大碰撞

充满诱惑的星空

神秘美丽的星空

随着城镇灯光污染的日益加重，现在生活在繁忙都市的人们，多数人从未感受过星空之美的震撼。然而全世界有数以万计的天文发烧友，在晴朗的夜晚，远离灯光污染的城镇，尽情享受着心灵与星空的接触，他们仿佛到了另一颗宁静的星球。对他们来说，探索宇宙之美是他们最开心的事。

我国一位天文爱好者曾动情地回忆他童年时期与流星雨相遇的情景，他说："还记得上小学的时候，小小的我挎着书包，天还没亮就顶着夜色，走在上学的路上。走着走着，突然有流星划过天际。那一刻我愣了，感觉好美。我还没从惊叹中恢复过来，紧接着又有越来越多的流星开始划过天空。那一道道亮光在我眼前闪亮，霎时绽亮了天空黑色的幕布，那壮丽的美景深深印在我的心里。那一刻我呆呆地不知所措，心里既紧张又兴奋，只是傻傻地望着天空，望着那一道道银色的彩虹。漫天的流星像飞梭，从这一头闪亮到另一头，壮丽极了，令人惊叹，惊叹世间竟有如此美景！这美景已深深烙记在我年幼的心里，永难抹去。那时候我就有个念头：在有生之年能再看到如此美的流星，真

美丽的银河（来源：ESO）

是老而无怨，死而无憾了。小小的我当时就是这个想法。人一辈子能有幸遇到几次这样美的流星雨呢？”成年以后，他还幻想着和自己的女朋友一起相拥着看流星雨，看黑色的夜空划满银色的光。

我国牧夫天文论坛的创始人解仁江说：“回归大自然也早已成为了多数人的共识，也许是为了暂时忘却现实生活中的琐事和烦恼，人们总喜欢远离城市，去体验那种纯粹的无忧无虑。当你真正面对茫茫夜空，你会从内心深处得到极大的愉悦和放松，正像德国哲学家康德在两百多年前说的‘世界上有两件东西能够深深地震撼人们的心灵，一件是我们心中崇高的道德准则，另一件是我们头顶上灿烂的星空’。这也许就是人们竞相去沐浴星光的根本原因。平日里在城市中难得一见的银河，在这里宛如明亮的牛奶瀑布，甚至让你感觉自己可以触摸到它。这时你才会真正理解诗人为什么形容星空壮丽；你会猛然发现自己果然是生活在银河系当中，因为那浩瀚的星空正笼罩在你的头上。当然，那种感觉只有你亲身经历过才会体验得到。”

你还可以用高质量的望远镜观测土星光环，这时你会感觉仿佛乘上了宇宙飞船，飞近那梦幻般的光环世界。

如果你幸运，还可能与神秘的UFO相遇。1995年7月26日晚，著名天文爱好者张大庆在开封郊外寻找彗星时，偶然抬头看天，发现天龙（星座）背上竟然有一团明亮的白雾状光斑，光斑有一角直径约8度的外环，是满月角直径的16倍，外环有一半缺口对着南方稍偏西，中央有一球状光团，角直径3度，是满月角直径的6倍，其亮度超过银河数倍。整个老斑像夜空中的幽灵巨眼，神秘莫测。张大庆十分激动：难道这就是传说中的UFO？更令人意外的是，随后忽然有一颗星星忽明忽暗地从球状光团的中间“走”出来，速度十分慢。张大庆迅速将该星星不同时间的移动位置准确地标在自己的星图上。他的观测报告对破解UFO世界之谜有重要的帮助。

我国的天文爱好者是单飞和群飞齐上。一些天文爱好者组织起来，他们认

土星光环（来源：NASA）

哈勃望远镜拍摄的麦哲伦星系内的气旋（来源：NASA）

为，独乐乐不如众乐乐，他们要一起玩转天文。启明星天文爱好者联盟（简称“启明星”）就是其中之一。会长白涛介绍：“是星空这个共同话题将我们聚在一起。会员们对天文的兴趣多种多样，有的热衷野外观星，有的钻研深空摄影，有的偏爱观赏流星雨，有的痴迷追逐日食、月食，有的喜欢天文收藏，有的对天文器材情有独钟，还有的干脆办了一场天文婚礼。婚礼上男女老少欢聚一堂，年龄最大的88岁，最小的只有5岁，年龄相差虽大，却一见如故，结为忘年之交。他们来自天南地北，口音各异，却能相谈甚欢，无所不聊；他们有着与生俱来的好奇心，执着、认真、努力面对人生，心里装得下整个宇宙。88岁精神矍铄的何允老先生，作为启明星最年长的会员，他怀着一颗年轻的心，

彗星划过智利拉西拉天文台的夜空（来源：ESO）

悬挂在美国国会大厦旁的圆月（来源：NASA）

坚持参加各项交流活动。‘痴将一生望星空’是他的人生写照，也是对启明星的最佳诠释。”

改革开放以来，牧夫天文论坛、启明星天文爱好者联盟、北京巡天会、云南大有可观天文爱好者俱乐部、广东南十字星会、青岛天文爱好者协会、南京巡星会、宁波天文爱好者协会、各高校天文协会等各种形式的业余天文组织和机构如雨后春笋，不断显示出勃勃生机。

即使在城镇，虽有灯光影响，依然有机会搜寻夜空。在冬天月份的满月前后，接近午夜时分，会惊现皓月顶空照奇观。可选择灯光影响较小的地方和玉宇无尘的晴夜，当一轮皓月升至顶空时，整个星空宛若“月亮女神”的一统天下，连北方掌控天轴的北极星也逊让三分；北极星东方的北斗七星仿佛是“月亮女神”的侍从；南方著名的亮星或星座金牛、猎户、天狼、狮子等“诸神”也仿佛在向“月亮女神”朝拜。“月亮女神”仿佛还用一支魔棍将大地点化成银白色的梦幻世界，此时天上人间尽显晶莹剔透的朗朗乾坤。

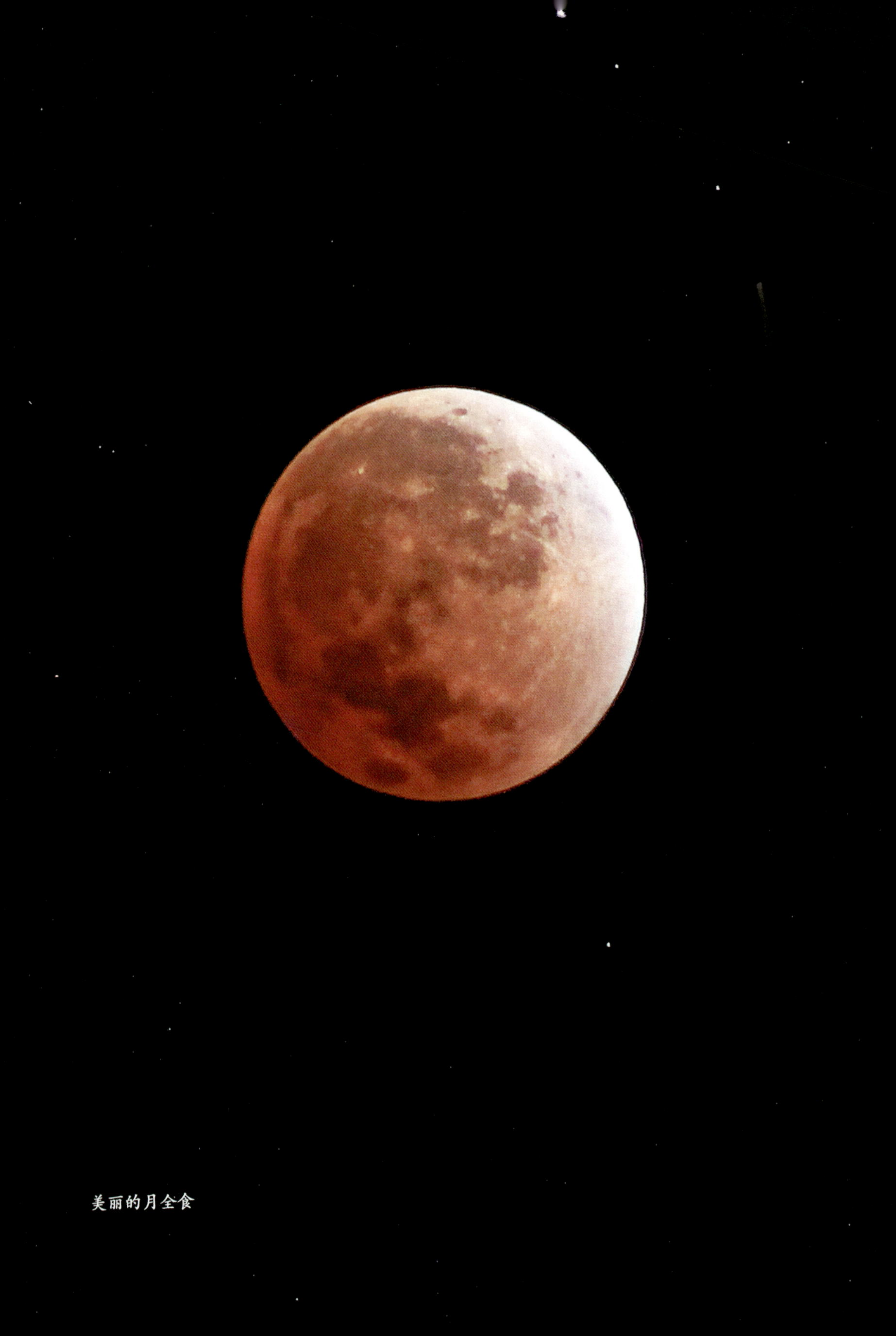

美丽的月全食

阿波罗15号的登月舱与月球车（来源：NASA）

月全食更为迷人。2000年7月16日晚的月全食，“月亮女神”右脸微红，右上方发出淡淡的黄白色光彩，左脸有些朦胧暗黑，整颗星球极富立体感，仿佛是一颗来自远方的神秘星球，正静静地悬挂在东南方的半空中，散发出清幽的红光。就在红月开始浮现的一瞬间，满天繁星突然放出异样的光彩，它们仿佛都睁大了眼睛，注视着这颗迷人星球的飘然而至。

2013年，中国“嫦娥三号”飞船已成功在月面虹湾平原软着陆，“玉兔号”月球车已与飞船成功分离，并开展了巡视勘察。

虹湾是一片较平坦的平原，长达200多千米。我们可选择农历初五至十二的晴夜，此时阳光斜照，月球上的高山平原富有立体感，我们可以充分感受月球的别样风光。

若遇上阴雨天，你也不必泄气，可上网游历，此时，你仿佛乘坐时光飞船，穿梭在浩瀚的宇宙之中。

如果你还不满足，希望自己探索神秘的宇宙，这本书也将成为你的引路人。

位于智利的阿塔卡马沙漠上空的月落（来源：ESO）

太空比神话更神奇

从古至今，人类对太空的想象很多，《水浒传》《三国演义》《红楼梦》（女娲补天）和《西游记》中都有与太空相关的故事情节。尤其是《西游记》，想象力极为丰富，例如孙悟空的如意金箍棒（定海神针）就有13500斤重，但若拿如意金箍棒和宇宙的中子星相比，就不值一提了。中子星，其密度大到一个小指头大小（$1cm^3$）的一小块，就有四亿斤重，是如意金箍棒的3000万倍。《西游记》中的灵霄宝殿有多高呢？它就在云层中间，才十几千米高。它与宇宙中的星球相比，也不值一提了，离地球最近的星球月球，就有30多万千米高呢！还有宇宙黑洞，那就更神奇了。

40亿年前火星地表的艺术想象图（来源：ESO）

一个早熟的黑洞（来源：NASA）

宇宙中的怪兽——黑洞和黑洞奇点

黑洞是这样一类天体，它的引力强大到以致任何物体甚至光都无法从其表面逃逸。

1915年，爱因斯坦发表广义相对论之后不久，德国天文学家史瓦西解引力场方程，得到一个用广义相对论的弯曲空间概念描述的球状物体周围引力场的精确解。这个解表明，如果致密天体的全部质量压缩到某一半径范围内，它周围的空间就因引力而足够弯曲，以致任何物质和辐射都逃不出来。这一半径被称为“史瓦西半径”，它与这个天体的质量成正比。史瓦西半径构成的一个界面把时空分成性质截然不同的两部分，通常把这个界面称为“视界”。视界是所有试图逃逸出去的光子统统都被引力拉回的最后边界，外部的物质和能量可以进入视界，而视界内没有任何物质和能量可以逃逸出去。视界并不是一种物质实体，而只是一种空间的几何界面。1968年美国天体物理学家惠勒首先提出“黑洞”一词，用来指称视界之内的这种天体。黑洞之所以是“黑”的，不仅

一个黑洞吞噬恒星后释放出巨大能量的示意图（来源：NASA）

因为视界之内的辐射出不去，而且击中视界的外来辐射将继续进入黑洞，不可能被反射回去。事实上，进入视界的任何物体就像掉进了万劫不复的无底洞，永无回头之日，所以称为“洞”。

黑洞可以具有任意大小的质量，最小的黑洞轻如原子，称为微型黑洞；质量最大的可达到几十亿倍于太阳，称为超大质量黑洞。只要把这些质量压缩到相应的史瓦西半径之内，就是一个黑洞。例如，把太阳压缩为一个直径3000米的球，它就成了一个“恒星级”黑洞。

黑洞周围的时空极度弯曲，必须用广义相对论去研究。研究的结果发现，虽然黑洞的质量和大小（视界的范围）都是有限的，但是这些质量并没有分布在视界的范围上，而是聚集在中心的一个点上，这个点上的物质密度趋于无限大！这个点是时空的一个奇点。黑洞的确是一种非常奇特的天体，它是以视界为表面的空间区域，视界的范围由被包围在其中的质量决定，但全部质量却集中在中央的一点上。奇点的出现是把广义相对论应用于黑洞的结果，也许在黑洞中央广义相对论已不能成立，若以量子引力理论取代，或可避免奇点。但是，量子引力理论还远没有建立起来。

黑洞具有极强的引力场，能将周围的物质（主要是气体），不断吸积到它的视界内部，就像一头贪婪的怪兽，无休止地吞噬周围的物质。这些被吸积气

黑洞吸积周围物质的示意图（来源：NASA）

体的原子，在向黑洞加速运动过程中相互碰撞，产生极高的温度，这使得原子电离成为等离子体。这些等离子态的带电粒子并不径直掉向黑洞，它们在进入黑洞的视界之前会环绕黑洞高速旋转，形成一个吸积盘。吸积盘内的等离子态物质不断辐射各类电磁波，在X射线波段最为显著。所以通过探测宇宙空间的X射线辐射，能够间接证实黑洞的存在。

星系中心超大质量黑洞的示意图（来源：NASA）

超大质量的黑洞示意图（来源：ESO）

天空中的超大质量黑洞

由于黑洞的强引力场作用，往往在黑洞周围出现大密度的恒星或其他物质，于是天文观测会发现在一个很小的空间范围内质量和亮度相当集中。这种现象尤其在星系中心的超大质量黑洞周围更加突出。

活动星系核和类星体以及X射线双星可能是寻找黑洞的最佳场所。现在认为在大多数星系的中心存在超大质量黑洞。活动星系核中有强烈的辐射源，普遍认为是超大质量黑洞周围的吸积盘。

黑洞蒸发

黑洞是一毛不拔的“吝啬鬼”，会有物质“蒸发”出来吗？答案是肯定的。黑洞蒸发的理论是英国物理学家霍金于1974年提出来的。根据量子场论，真空不是绝对的空虚，真空在不断地产生着正、反粒子对，并且又很快湮灭。

黑洞产生高速喷流的示意图（来源：NASA）

霍金认为，在黑洞周围，在正、反粒子对产生的极短时间内，会出现四种可能性，即直接湮灭，双双落入黑洞，正粒子落入黑洞而反粒子逃脱，反粒子落入黑洞而正粒子逃脱。最后一种可能性实现的几率最高。

反粒子带有负能量，落入黑洞以后等效于减少了黑洞的能量，而逃脱出来的正粒子等效于从黑洞周围发射出了正能量，于是反粒子落入黑洞而正粒子逃脱的结果等效于从黑洞内部发射出能量。这就是黑洞蒸发。黑洞蒸发与视界内没有任何物质和能量可以逃逸的性质毫不矛盾。

黑洞的质量越大，蒸发越慢，质量为1太阳的黑洞（2×10^{30}千克），1年的蒸发量仅10^{-20}焦耳，可维持寿命10^{67}年。如果黑洞的质量很小，蒸发过程将加快进行，使它们的存在寿命受到威胁。质量为10^{12}千克的小黑洞，每秒“蒸发”掉6×10^{9}焦耳的能量，其寿命为100亿年。霍金还提出，宇宙早期形成了许多大小如基本粒子的微型黑洞，但是它们因为蒸发而难觅踪影了。

外星人在哪里？

从霍金关于外星人的谈话说起

2010年4月，著名天体物理学家斯蒂芬·霍金说，外星人几乎是肯定存在的，但我们人类不要努力去寻找外星人，应该尽量避免与他们接触，否则，有可能给人类带来灾难。美国Discovery探索频道还为此录制了一部生动的高清科普片，已经引起全球的密切关注。

斯蒂芬·霍金

霍金认为外星人存在的理由非常简单。他指出，宇宙有1000亿个星系，每个星系含有数亿颗恒星。宇宙如此之大，地球不可能是唯一拥有生命的星球。

木卫二冰层下藏有液态水的艺术想象图

他说：“我是从数学的逻辑来思考的，只凭这些数字就可以极其合理地考虑外星人的存在。我们真正的挑战是弄清楚外星生命长什么样子。”

他认为，大部分地外生物等同于相当长时间里主宰地球的细菌或者简单生物。Discovery探索频道的这部科普片猜想：在另一个星球的山崖坡面上，成群的两条腿食草动物在吃草，并遭到很多会飞的黄色蜥蜴状食肉动物捕食；另一镜头画面显示，木卫二厚厚冰层下的海洋中，发光的动物成群结队。这些画面令人耳目一新。

霍金以自由的思想探索外星生命和外星智慧生命存在的可能性，这是难能可贵的。但是他认为外星人存在的理由也有些简单，光从数学的逻辑来思考还是不够的，还应补充事实依据和科学依据。因为别的科学家也可以用其他的简单理由来否定外星智慧生命存在的可能性，最著名的是费米佯谬。

霍金说，如果和外星人相遇，对我们人类意味着灾难。笔者认为，这个看法值得商榷，现在下这个结论还为时太早。

地球的生命演化史

通过对太阳系的原始陨石和地球上原始岩石的成分分析及同位素年龄测定，可以确定地球的年龄为46亿年。

地球诞生后最早的8亿年间，条件严酷，遭到小行星频繁而激烈的撞击。现在，月球还保留着当时小陨石撞击月球的大量撞击坑，验证了地球早期的严酷环境。

在38亿年前，小行星撞击明显减少，地球上开始出现最原始的生命，此后生命演变缓慢。直至5.42亿年前，各种生物才开始大量出现。到大约600万年前出现南方古猿，大约200万年前才出现直立人，大约25万年前出现智人。这些结论主要是通过化石研究认识的。

地球的生命演化史表明，一个星球只要有合适的条件，就能逐步演化出生命和智慧生命。

月球上遍布大大小小的坑（来源：NASA）

月球正面的湿海，陨击坑清晰可见（来源：EOS）

透过太空舱拍摄的直布罗陀海峡的夜景（来源：NASA）

太阳系地外生命的探索

现在，对地外生命和地外文明的探索已成为天文学前沿热点之一（其他热点还包括暗物质、暗能量、黑洞、宇宙起源、天体起源等），而且在近十几年的科学探索中已取得不少的证据，明显提高了外星生命存在的可能性。

第一项突破是：科学家在地球上过去认为不可能存在生命的极端环境中，发现了很多稀奇古怪的生命体，包括在深海中依靠化学反应生存的细菌，以及在滚烫的温泉中还能够悠然自得的生物。可以说，在地球上，几乎所有有水的地方，都发现了生命，这大大扩展了生命产生的范围。

另一项突破是：在地球以外的多颗星球上，发现了水或可能适合生命生存的其他液体。既然在地球上几乎所有有水的地方，都发现了生命，因此在地球以外的星球上发现水就显得十分重要。

首先，天文学家在太阳系内部寻找外星生命，因为这相对要近得多。

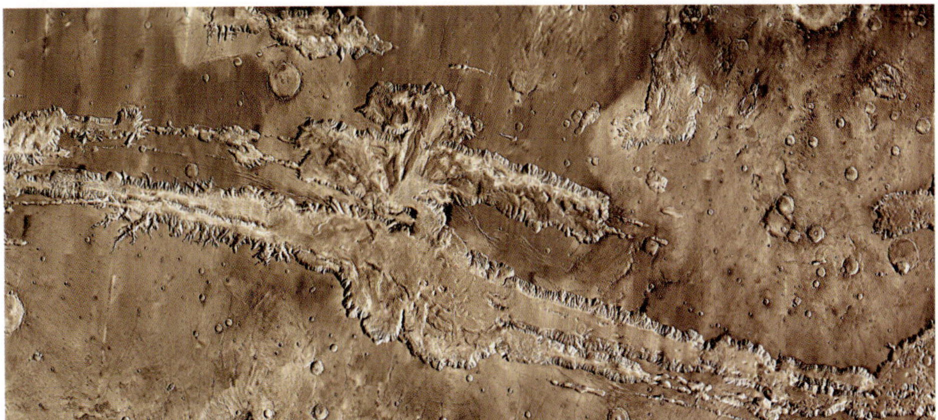

水手谷，由奥德赛火星轨道探测器拍摄的照片拼接而成（来源：NASA）

NASA观测到的火星地表

层次分明的浅色沉积层

色彩分明的沙丘

内壁陡峭的陨石坑

火星是最有希望的行星。2003年，美国发射的两艘火星探测器“勇气号”“机遇号”和2007年发射的凤凰号探测器，都发现了火星有水的证据。在此之前，美国的火星探测器已发现火星表面干枯的河床，表明火星表面以前有过河流和海洋。

土卫六是土星最大的一颗卫星，直径是月球的1.5倍，有着与地球类似的地表，还是太阳系唯一一个拥有浓厚大气层的卫星。它的大气层富含碳，与原始地球相似。

卡西尼号土星探测器的观测发现，土卫六的北极和南极地区存在若干充满液态物质的湖泊。迄今在太阳系中，除地球之外，人类探测器只在土卫六表面发现有湖泊存在。2009年7月8日，卡西尼号探测器的可见光与红外成像分光仪拍摄到来自土卫六的光斑，在排除其他因素后，已确认它来自一个名为“克拉肯马雷”（Kraken Mare）的湖泊。这个湖泊面积约40万平方千米，比地球上最大的湖泊里海还要大。它位于土卫六北纬71度、西经337度，从而证实了土卫六表面存在液体的说法。

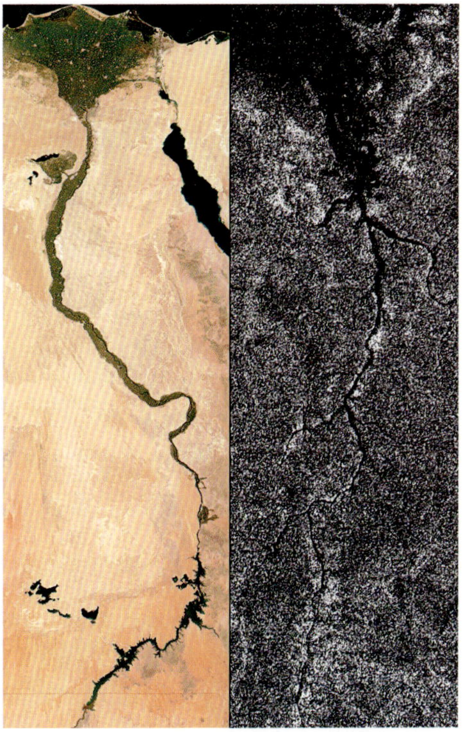

卡西尼号土星探测器所拍摄到的位于土卫六表面的河谷，而右图则是埃及尼罗河的卫星图像（来源：NASA）

美国宇航局喷气推进实验室行星科学家鲍勃·帕帕拉多说：“卫星照片透露了有关土卫六的很多信息，比如它有着厚厚的大气层，表面有湖泊，就像一个光怪陆离的地球一样。对于人类来说，它既有令人熟悉的地方，也有令人完全陌生

土卫六的光斑，卡西尼号探测器携带的可见光与红外成像分光仪拍摄（来源：NASA）

的感觉。”

土卫六表面湖泊液体的主要成分可能是液态甲烷，估计是由甲烷雨降落形成的。卡西尼号探测器还发现，土卫六可能也像地球一样存在着活跃的“水文循环”，只不过这个循环的主角是碳氢化合物。

土卫六云量密集的天然电场还发现有电流活跃迹象，类似于地球闪电辐射能量，而闪电与生命起源密切相关。在土卫六冰壳以下的深处则有可能是由水和氨组成的海洋。根据以上特征，科学家推测土卫六具有孕育生命的可能性。

卡西尼号探测器还发现土卫二存在液态水证据。探测器曾观测到在土卫二南极地区，有冰粒和水蒸气从土卫二的多冰地表裂缝中喷出，表明土卫二多冰地表下方隐藏着地下海液态水。卡西尼号探测器上的等离子体分光机不仅发现了带负电的水离子，同时也发现了存在带负电碳氢化合物的线索。

空间探测器还发现，木卫二的表面覆盖着几千米厚的冰层，冰面上布满了纵横交错密如蛛网的明暗条纹，很像冰层的裂缝，冰层之下则是一片汪洋大海。

2014年5月2日，据国外媒体报道，美国宇航局已着手研究如何对木卫二进行深入调查。最新的观测显示，这颗星球表面被大量的冰层覆盖，在木星潮汐力的作用下，冰层下某个深度很有可能存在液态水，这里拥有合适的温度满足液态水的存在。有了液态水，那么就很有可能存在宇宙生命，因为我们目前对地外生命的定义前提是拥有液态水的环境，而且这样的环境也有利于形成生命，毕竟在地球上，几乎所有有水的地方都发现有生命。

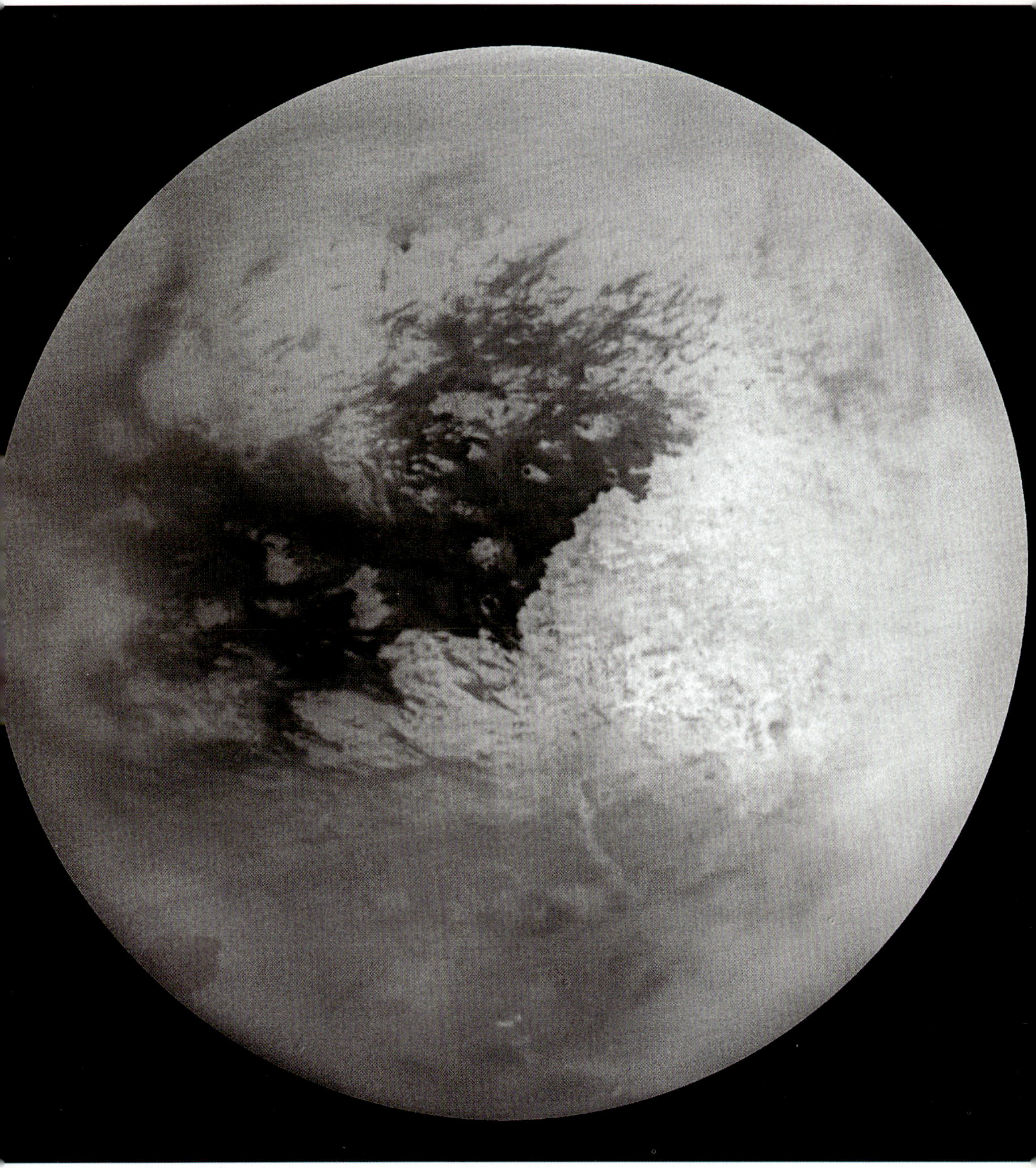

土卫六，由卡西尼号土星探测器拍摄的16张图片拼接而成（来源：NASA）

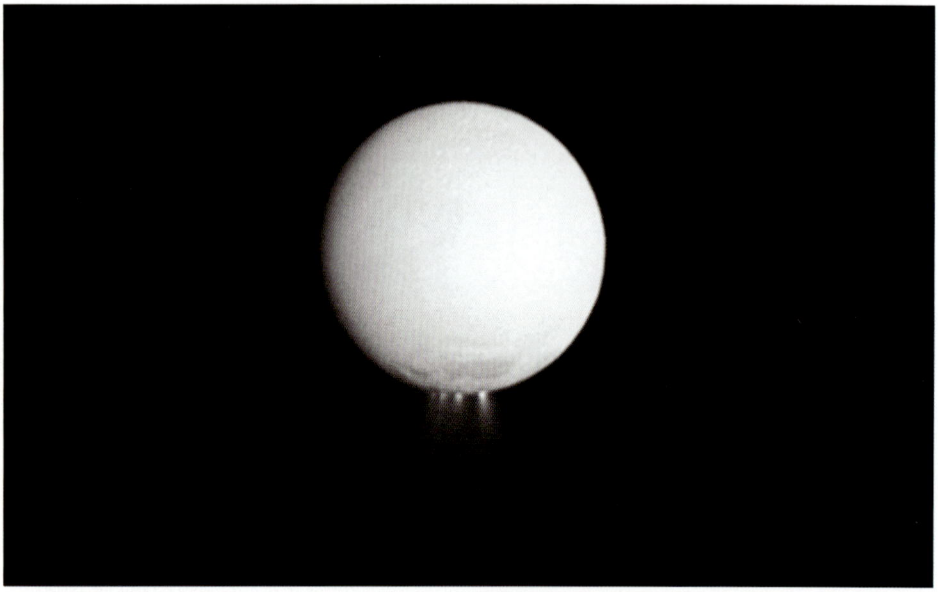

2005年卡西尼号土星探测器拍摄到的土卫二南极地区发出喷射物（来源：NASA）

2005年卡西尼号土星探测器拍摄到的水蒸气与冰粒从土卫二多冰地表裂缝中喷出（来源：NASA）

木卫二表面被大量的水冰层覆盖（来源：NASA）

天文学家发现木卫二南极附近出现了羽状抛射物（来源：NASA）

木卫二表面密密麻麻地分布着裂痕，可通过探测器撞击冰层撞出大洞（来源：NASA）

发现另一颗地球——太阳系外行星的探索

在火星、土卫二、土卫六和木卫二上都有希望找到低级的生命，但不会找到土生土长的外星人。因此，天文学家将目光投向太阳系外的遥远行星。

最近20多年来，与地外生命探索有关的第三项突破发现是：自1995年以来，人类已发现2000多个围绕遥远恒星轨道运动的行星，这表明行星的存在是宇宙中一个普遍现象。

至于太阳和它的兄弟姐妹恒星，它们的表面温度达摄氏几千度甚至更高，

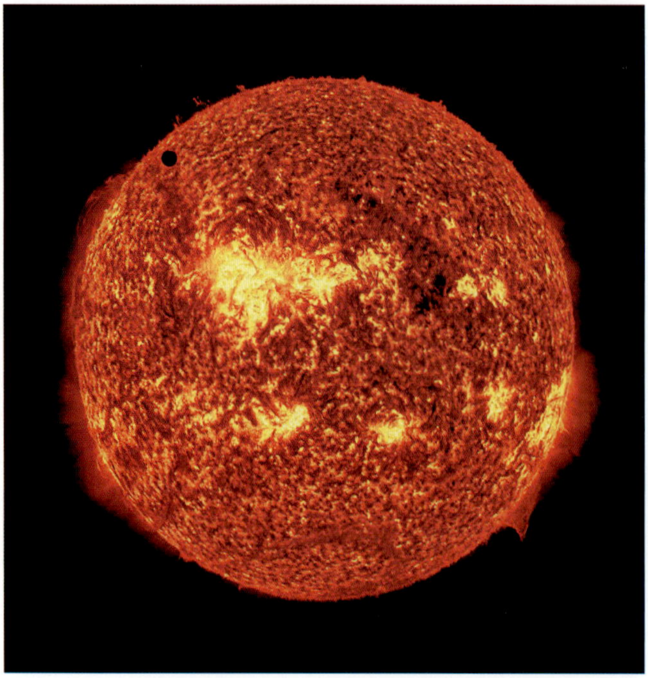

太阳和正在凌日的金星（来源：NASA）

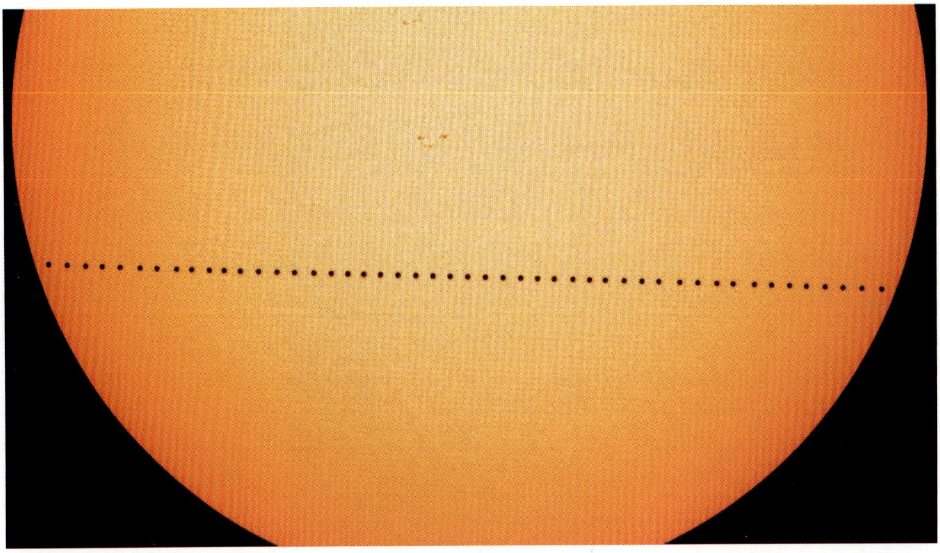

水星凌日（来源：NASA）

在这种条件下，生命的有机分子就会离解，因此很难有生命出现。霍金认为，在宇宙的其他很多地方，外星人肯定存在，不只在行星里，还有可能存在于恒星的中心。霍金这个观点现在还缺乏科学依据，因为恒星的中心温度比表面更高，达几百万摄氏度甚至更高。

在已发现的太阳系以外2000多颗行星中，经过进一步分析，它们有些是类似木星那样的气体行星，有些是温度太高的行星，有些是温度太低的冰星，大多数都不适合生命生存。不过，现在形势已发生变化。2010年3月6日，美国宇航局成功发射了开普勒空间望远镜，它是世界上第一架寻觅真正和地球相似的行星望远镜，也就是说，它长达三年半的太空之旅的主要目标之一，就是寻找地球的知音姐妹。开普勒空间望远镜可以探测到1/10万量级的微弱亮度变化，可以对10万颗以上的恒星进行大范围和长时间观测。

开普勒空间望远镜探寻地球小姐妹的方法还是挺巧妙的，其原理与水星凌日类似，即从太阳总光度变化的周期上推算出水星的大小和它公转轨道的大小，推算出太阳的大小、质量、温度和水星表面的温度范围；从水星表面的温

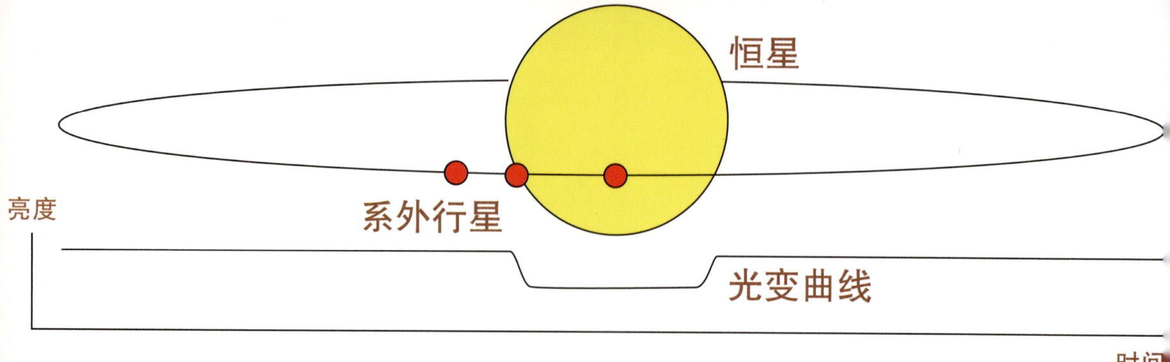

当系外行星经过中央恒星前面时，会短暂遮挡一些光线，导致星光看起来变暗，开普勒空间望远镜基于这一点来判断出行星的体积

度范围就可以知道是否有可能是外星生命的家。

例如，若在非常遥远的行星上也有像人类这样的智慧生物，他们用同样的方法就可能发现我们的太阳每年有规律地变暗一次，每次变暗仅仅为8.4/10万，变暗持续13个小时。由此，外星人就能分析出我们的地球离太阳约1.5亿千米，地球的大小约1.3万千米等数据，温度适于生命诞生。

同样原理，开普勒空间望远镜从被观测恒星的光度变化的重复周期，可以推算出是否有行星经过恒星的前面，并推算出行星大小和它的公转轨道大小，推算出恒星的大小、质量、温度和行星表面的温度范围。从行星表面的温度范围就可以知道是否有可能是和地球相似的行星（简称“类地行星”）。

数千年来，人们一直想知道一个问题的答案：在宇宙中，我们是否孤独呢？

2015年7月24日北京时间凌晨，美国宇航局宣布，通过开普勒空间望远镜的观测和资料分析，已发现首颗位于“宜居带”上体积最接近地球大小的行星“开普勒-452b”，推测上面可能拥有大气层和流动水，而且其所围绕的中央恒星无论大小、亮度都与太阳非常相似，这是人类在寻找另一颗地球的道路上

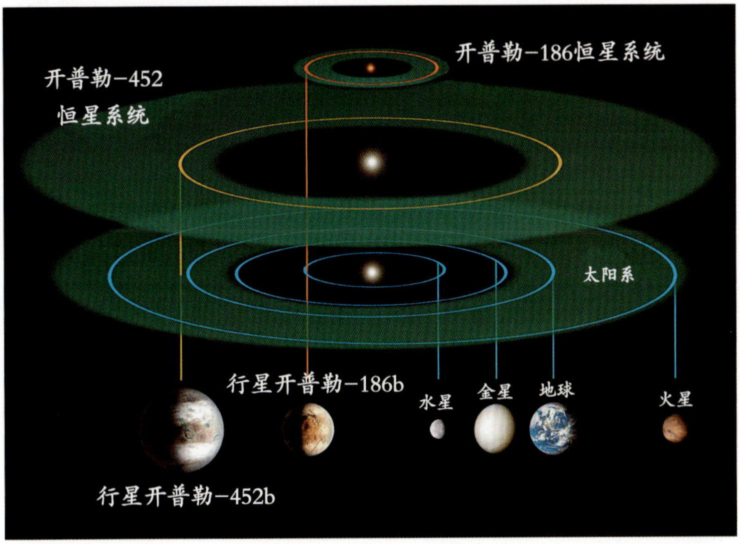

开普勒-452恒星系统、开普勒-186恒星系统与太阳系的大小比较。行星开普勒-452b的轨道半径为1.05个天文单位，几乎与地球到太阳的距离一样，公转周期为385个地球日（来源：NASA）

的重要里程碑。

美国宇航局指出：“太阳系以外行星，尤其是大小与地球接近的小型系外行星，在21年前还仍然属于科幻的范畴。但在今天，我们已经发现了数以千计的太阳系以外行星，天文学家们已经越来越接近几千年来人类所梦想的目标：发现另外一个地球。”

找到类地行星并不代表就找到了外星生命。即使开普勒望远镜观测到类地行星，它们距离地球也有数百光年之远，相距如此遥远，人类又该如何去判断究竟有没有外星生命呢？

首先需要在寻找到的类地行星中进行筛选，最适合的是像地球这样有岩石表面，且温度合适的较小行星。在那里水能以液体形式存在，而且这些小行星是围绕像太阳这样稳定、长寿的恒星公转（有些恒星的寿命较短，只有几亿年，甚至只有几千万年）。因为生命演化需要漫长的时间，太阳已有46亿岁，地球最早的8亿年毫无生命的迹象，后来经过38亿年的缓慢进化，才出现像人类这样的智慧生命。

经过这一轮选择，就可以对真正和地球相似的行星的大气进行光谱分析。行星后面的恒星光将穿过行星的大气，通过对这些光线的光谱分析，如果发现大气中有氧气和甲烷，这颗行星就可能有生命存在，因为大气中氧气和甲烷气的同时存在是生命的征兆。当大气中含氧量较高时，甲烷转变成水和二氧化碳的效率很高，很难长期存在。如果探测到行星大气中同时存在氧气和甲烷，这意味着甲烷进入大气非常快，而源源不断的甲烷可能就来自生命的活动，例如沼泽的细菌、稻谷的栽培、植物的燃烧、牛的肠胃胀气和油井的天然气（源于古代动植物的遗体）等。因此在含氧的大气中，甲烷可能是生命的征兆。

此时就可以用大型射电望远镜和光学望远镜进一步搜索，探测该行星有无特殊的无线电波或激光信号，以判断那里是否有进入技术文明的外星智慧生命了。宇宙中，二进制数码可能是基本的数码，是“宇宙语”。如果我们能收到特殊的无线电波或激光信号，且是由二进制数码编制的质数数码，例如1679个数

系外行星想象图（来源：ESO）

码，将它排列成73行、每行23个数码的图，就可以分析外星人发来的珍贵信息。

“开普勒”计划的负责人，美国喷气推讲实验室的詹姆斯·凡松博士说：“在我和美国宇航局25年的合作中，这是最激动人心的任务。对于自古希腊以来一直萦绕我们脑海的疑问，我们即将能首次找到答案。外面还有像我们这样的世界吗？这个问题已经困扰了我们100多代人。我们将要找出答案，这实在是太令人激动了。”

银河系是否有进入技术文明的行星，天文学家争论很大。现在大家寄希望于开普勒望远镜，期盼它能翻开新的一页。

开普勒空间望远镜搜索的是银河系中的天琴星座和天鹅星座。无巧不成书，我国古代神话传说中的织女星正是天琴星座中最亮的星星。也许在若干年以后，我们就能真的收到遥远的外星“织女”发来的“微信”了。

现在，天文学家不仅在太阳系内的其他行星上发现了水或其他液体，还发现在太阳系外遥远的行星上可能也存在水。

2009年12月16日出版的《自然》杂志报道，哈佛史密森尼中心研究员、天文学家查克里·伯塔发现一颗绕昏暗恒星运转的“超级地球”，新发现的行星被命名为“GJ1214b”。这颗有水行星被归入“超级地球”行列，体积在地球等体积较小的岩石行星和天王星、海王星等冰巨星之间。虽然它的母星是一颗昏暗的红矮星，亮度只有太阳的1/3000，但由于二者距离太近，这颗有水行星的表面温度高达200摄氏度。它是一个热气腾腾的“水世界”。GJ1214b的直径是地球的2.7倍，质量是地球的6.6倍，密度是地球的1/3倍（地球的平均密度为水的5.5倍），它距地球仅40光年。由此可知这颗行星可能75%的表面区域被水覆盖，拥有深度极高的海洋。但由于温度太高，它无法支持地球型生命的存在。还有证据显示，这个水世界同样拥有大气层。天文学家认为这颗行星与此前在太阳系外发现的任何行星相比，体积更小，温度更低，各方面的情况更接近地球，不过，温度如此之高不适合人类在上面生存。

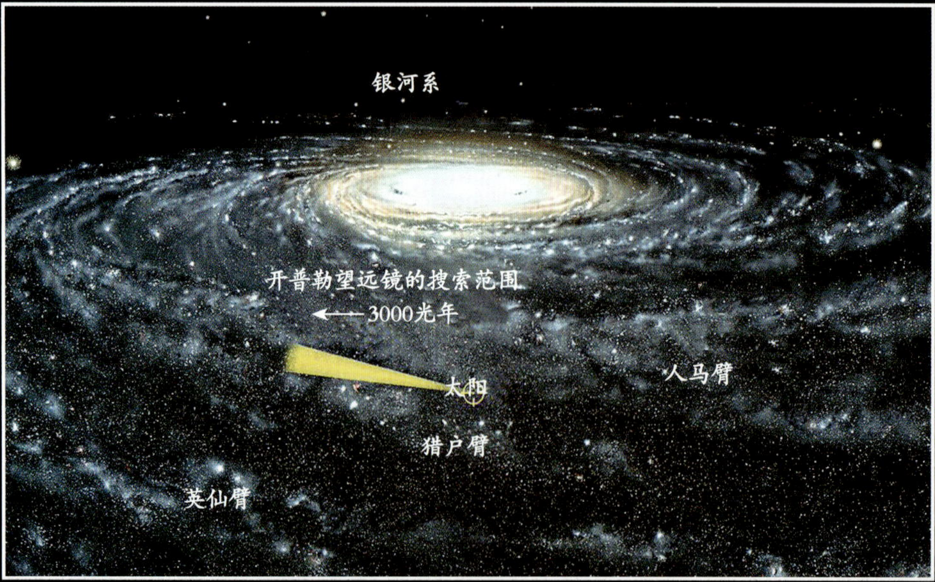

开普勒望远镜观测的目标区域位于银河系中的天鹅座和天琴座一带，因为这个方向上的观测较少受太阳等天体影响，有利于持续观测（来源：NASA）

新发现的水世界超级地球GJ1214b和它的母恒星GJ1214示意图，当超级地球运转至母恒星前面时，就会遮住一部分母恒星的光（来源：NASA）

地外文明的搜索

人类对地外文明的探索经历了以下几个阶段：

第一阶段是蒙昧时期的神话传说。例如在我国古代就有牛郎与织女银河相会的传说。

第二阶段是古代哲人的猜测。例如在16世纪，意大利思想家布鲁诺认为，宇宙存在无数的太阳和绕自己太阳运转的地球，在这些世界上居住着各种生物。

第三阶段是近代的天文观测和推测。其中最著名的是1877年火星大冲时，意大利米兰天文台斯基帕雷经望远镜目视观测，声称在火星表面发现许多线条状的特征，被称为“canali”，意指类似地球上的海峡、水道。一些天文学家随后争相观测火星。报刊翻译为英文时，变成“canal”（运河），使人联想到火星上有火星人。美国天文学家洛韦尔还专门建造一座天文台，专门对火星拍摄照片，声称看到火星上有500条以上运河，相信那里有智慧生物。然而经过20世纪60年代开始的宇宙飞船近距离探测，火星人的猜测被否定。

第四阶段是现代地外文明的探索。

现代地外文明的探索是在争议中诞生的。1959年，美国康奈尔大学的科可尼和莫里森在英国《自然》杂志发表论文，讨论与地外文明建立通信联系的可能性，建议使用波长21厘米的氢原子典型谱线。随后布瑞斯维尔于1960年也在《自然》发表论文，提出银河系中存在比我们先进的社会的假说。从此以后，各学科一些科学家相继发表严肃的论文。不过当时科学界多数人不接受这一假说，各国政府机构也不敢支持这方面的工作：因为有人认为是邪说，甚至受到

2003年哈勃空间望远镜拍摄的火星（来源：NASA）

同行的嘲笑。直到1971年美国科学院和苏联科学院联合召开学术会议，支持地外文明的研究，从此出现“寻找地外文明（Search for Extraterrestial lntelligence，SETI）”这一科学命题。虽然至今还有学者仍将地外文明当作“现代神话”，但它毕竟已得到绝大多数科学家的肯定。

1965年，美国康奈尔大学天文学家德拉克（F.Drake）提出了估算银河系中具有先进技术文明（掌握射电天文技术）星球数量的公式，称为德拉克公式：

$N=N^{*} f_p n_e f_l f_i f_c f_L$。在该公式中各字母符号的含义如下：

N 为银河系具有先进技术文明的星球数目；

N^{*} 为银河系的恒星数目；

f_p 为有行星系的恒星比例；

n_e 为每个行星系适宜生命环境的行星数目；

f_l 为出现了生命的合适行星所占比例；

f_i 为出现生命以后能进化成智慧生命的比例；

f_c 为出现智慧生命后能掌握先进技术的比例；

f_L 为掌握了先进技术文明的平均寿命与所在恒星今后延续寿命的比例。

对于德拉克公式，过去由于观测数据少，所以多数参数的不确定性相当大。但自从2009年3月6日美国宇航局发射开普勒空间望远镜后，已取得重要进展。2011年2月19日，在华盛顿举行的美国科学促进会年会上，美国航天局的科学家宣布了令人惊异的结论，对开普勒空间望远镜观测数据的初步研究发现，银河系恒星中，至少每两颗恒星中就有一颗拥有行星，每200颗恒星中就有一颗恒星拥有的行星位于“宜居带”。开普勒空间望远镜项目首席科学家威廉·博鲁茨基在宣布这一结论时称，科学家们是根据已经观察到的行星出现的频率，得出全部行星的大致数字。目前关于银河系行星数量的推断可能还是“最保守的估计”，因为这些恒星可能有不止一个行星，开普勒空间望远镜目前进行的搜索也未能顾及那些远离恒星的行星。他举例说，如果开普勒空间望远镜从距离地球1000光年远的地方遥望太阳，它能注意到金星划过夜空，但只

M72，一座天上的恒星城市（来源：NASA）

有1/8的机会看到地球。

银河系具有2000亿颗恒星，从开普勒空间望远镜的探测结果看，f_p 至少可取0.5。至于每个行星系适宜生命环境的行星数目，N_e 至少为0.01。按地球的生命演化史和银河系中有机物质的大量发现推断，凡是有适合生命生存环境的行星，只要它所环绕的恒星寿命足够长，就迟早会出现生命。寿命足够长的恒星占多数，所以可取 f_l 为0.5。出现生命后，是否一定进化成智慧生命，从地球的生命演化史看，并不一定。在地球上出现过的物种数以百万计，绝大部分都灭

银河系和紫金山天文台盱眙观测站的射电天文望远镜（沈文翰摄）

绝了。人类的出现，仍有一定的偶然性，所以取 f_i 为0.5。至于出现智慧生命后，是否演变成掌握高技术并向外太空发出信号，这也不一定，因为人类的演化史上也出现过人口大量灭绝的生存危机，另外几个人种在半途就已灭绝了，所以 f_c 也取0.5。

掌握先进技术的文明平均寿命有多长？

这个问题争论最大。从1000年到10亿年的观点都有，相差百万倍。有些学者认为，人类会因为核战争和核污染在千年内被毁灭。这里并不完全排除这种可能性，而且认为应高度重视并采取切实和严格的措施，防患于未然。但核战争和核污染在千年内很可能毁灭整个人类的观点，缺乏必要的科学依据，因为人类现在已有对付核战争和核污染的有效办法。事实上广岛在几十年后又重现生机。

美国遗传学家斯潘塞·韦尔斯通过DNA的研究，发现7万年前现代人的祖先在地球上曾经只剩下约两千人，估计是印度尼西亚一次超级大火山爆发造成的，这场巨大的灾变虽带来浩劫，但也促使人类出现了创造力。现在人类应对核战争和核污染的能力，远超过几万年前早期智人应对巨大自然灾变的能力；走向理性的人类很有可能避免大规模的核战争，即使万一发生大规模的核战争，战后的幸存者也将远超过两千人。

几百万年的人类进化史中，阿法南猿和直立人面对过多次严酷的自然灾害，而他们当时抵御严酷自然灾害的能力，是比不上现代人类对付核战争和核污染的能力的，但是阿法南猿和直立人在地球上仍分别生存了100万年和近200万年。笔者认为，掌握先进技术的文明的平均寿命，会超过阿法南猿和直立人生存的时间，可估计掌握先进技术的文明的平均寿命为250万年。太阳今后延续寿命可作为寿命足够长的恒星的代表。这样，250万年与太阳今后延续寿命50亿年的比例约为1/2000。这样银河系具有先进技术文明的星球数目将有可能为6万颗。

系外行星：比邻星b地表的艺术想象图（来源：ESO）

位于智利的ALMA——阿塔卡马大型毫米波/亚毫米波天线阵（来源：ESO）

依笔者之见，德瑞克公式还遗漏了一个重要的因素，这就是掌握了先进技术的文明社会将高速发展科学技术。以地球上的人类为例，最近一百多年的发展速度，远远超过有文字以来至19世纪的几千年；而有文字以来的几千年人类社会的发展速度，又大大超过人类诞生至文字刚出现前的几百万年。因此，以人类现在的科技水平去想象地外文明的水平是错误的。现在人类掌握先进技术才大约百年时间，而掌握先进技术上万年、上十万年的地外文明可能还相当多。按现在人类的科技发展速度，人类一万年内就可能移民到邻近恒星的行星上。所以一个比我们先进上万年或上十万年的地外文明星球，他们扩展到邻近上百颗恒星的行星上，在新行星上建立先进的技术文明世界，这是完全可能的。那么绝大多数地外文明都有可能扩展到100倍的星球，这样在我们银河系中就可能约有600万颗具有先进技术的智慧文明星球。地球上的人类只是处在最初级阶段的技术文明。

为此，笔者提出了估算银河系中具有技术文明星球数量的修改公式：

$N=N^* f_p\ n_e\ f_l\ f_i\ f_c\ f_L\ f_e$

f_e为已有先进技术的智慧文明星球的平均扩张倍数。

600万颗拥有先进技术文明的星球看起来很多，但银河系中有2000亿颗恒星，也就是平均约3万颗恒星中只有1颗拥有先进技术文明的行星。它们平均相隔的距离仍有近150光年之远。

笔者的独立估算方法与美国著名天文学家卡尔·萨根不同，结果却相近，可谓殊途同归，卡尔·萨根所给出的平均相隔距离约为200光年。

现在悲观的估计是：在银河系中只有地球这一颗行星具有高技术文明。最乐观的估计是：一个高技术文明社会平均可生存10亿年。这种乐观估计认为可能存在45亿颗拥有高技术文明的星球（其他参数取不同值）。看来，笔者这种估计是谨慎而又乐观的。

1982年，国际天文学联合会（IAU）成立了第51届委员会：“生物天文学”（Bioastronomy），其研究方向是“地外生命探索”。“文明”或“智能”乃是生命发展到高级阶段的必然产物。

茫茫银河觅知音——监听外星人的信号

智利阿塔卡马沙漠上空的银河（来源：ESO）

现代第一个寻找地外文明的计划是“奥兹玛计划”（Ozma Project），是美国康奈尔大学天文学家德拉克在1960年开始实施的。他和同事使用口径25.9米的射电望远镜，并安装了波长21厘米的信号接收装置，搜索地球以外的无线电信号。德拉克采用的接受频率是1420兆赫，也就是只有一个频道。因为银河系的微波背景辐射频率在300兆赫至1000兆赫之间，相对于辐射温度3K至60K（K为绝对温度），而地球大气辐射噪音在3000兆赫至30000兆赫之间，所以接受星际通信信号的最佳频带在1000兆赫至3000兆赫之间。

1958年以前对地外文明的探索还只停留在推测阶段，并未做定量的科学分析和计算。例如在多远的距离需要多大的功率才能被相应的射电望远镜接收到，现代地外文明探索已掌握定量的科学分析和计算。

在奥兹玛计划之后，天文学家启动了更先进的搜索计划。其中一项是1985年开始的美国哈佛大学和阿根廷进行的“米塔（META）计划”。哈佛大学使用一架25.6米口径射电望远镜和800万频道接收机，其规模相当于1分钟完成100万个奥兹玛计划。

另一项是1994年开始的“凤凰计划”，由美国加州寻找地外文明研究所实

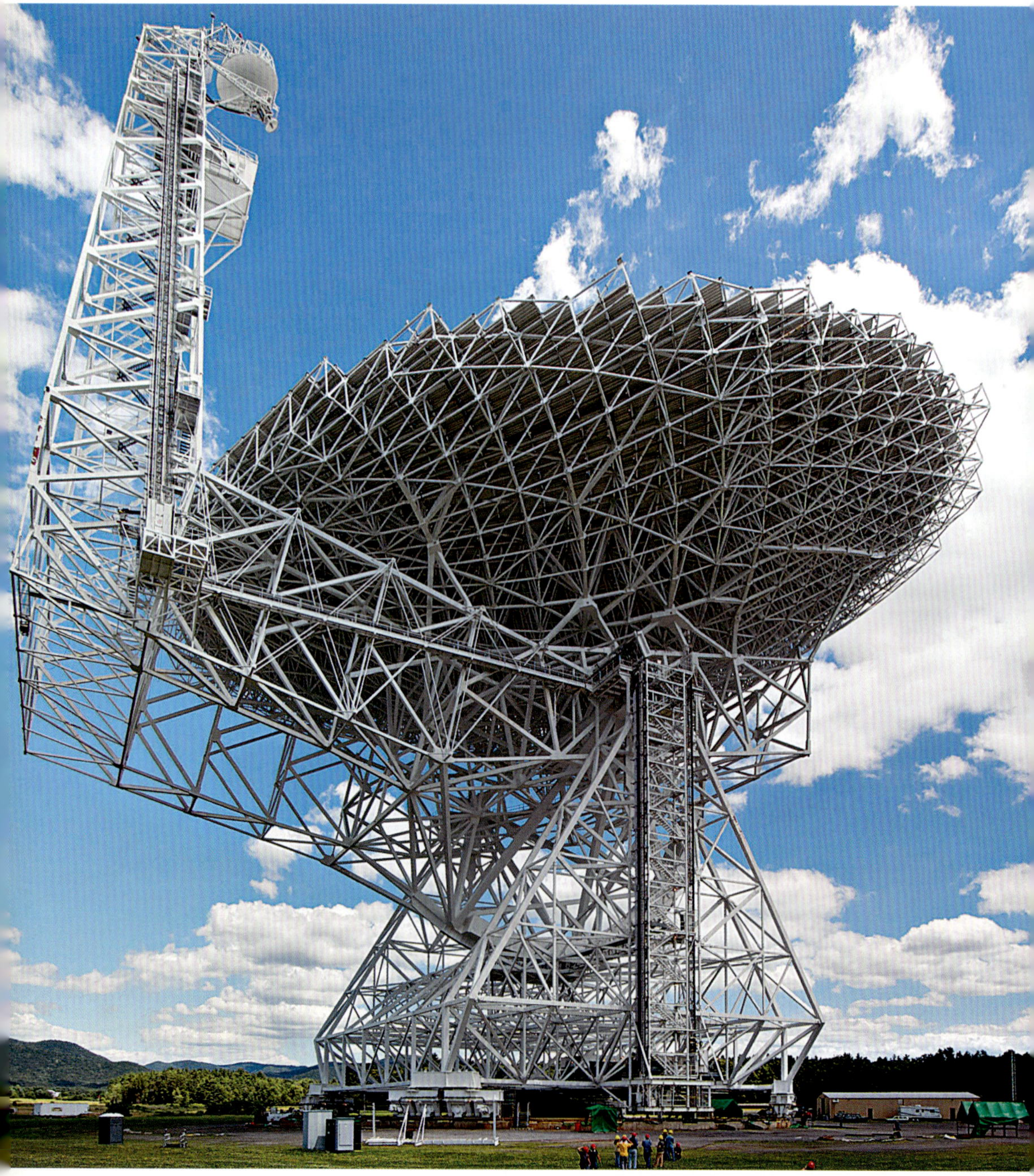

格林班克射电望远镜

施。探索频道增至5600万个，搜索目标为1000颗恒星，相当于1亿个以上的奥兹玛计划。

2004美国微软公司创始人之一保罗·艾伦捐资1350万美元，在美国加州建造了艾伦射电望远镜阵（ATA），用以搜索地外文明。

2007年10月，这个射电天线阵中已有42座建成，以后还将扩大至350座天线，将对100万颗恒星系统搜索地外文明的信号，是以往所有计划目标的近千倍之多。

2015年7月21日，天体物理学家斯蒂芬·霍金、英国天文学家马丁·里斯和俄罗斯慈善家尤里·米尔纳，在伦敦皇家学会宣布了名为“突破倾听”的项目，计划将启动1亿美元去寻找外星智慧生命。最初的10年计划是搜寻离地球最近的100万颗恒星，仔细倾听有没有来自外星人发来的无线电信号。

格林班克射电望远镜是世界上最大的全可动射电望远镜。在2011年5月13日，它已开始寻找外星文明的无线电信号，重要目标是开普勒空间望远镜发现的86颗可能栖息生命的类地行星。这架罗伯特·C.伯德“格林班克射电望远镜”口径100米，位于西弗吉尼亚州绿岸山区，即美国无线电静默区的核心地带，它已开始全天24小时收集数据。

在全世界有能力承担这类搜寻地外文明任务的射电望远镜中，格林班克射电望远镜独领风骚，它灵敏度最高，大约有43层楼高，重7700吨；所获数据量可以达到每秒钟将近1000兆字节，即1个G。就可扫描频率范围而言，格林班克射电望远镜是著名的阿雷西博射电望远镜的300倍。这意味着格林班克射电望远镜能够在一天内收集后者大约一年所获得的数据。格林班克射电望远镜将搜寻较以往可及范围大得多的频率范围和信号种类，并运用非常尖端的射电天文学技术。开普勒空间望远镜发现的86颗可能栖息生命的类地行星，温度适宜，大气温度为零至100摄氏度之间，是格林班克射电望远镜搜索的重要目标。

参与这一项目的还有一项利用全球互联网的计算机共同搜寻地外文明的计划（SETI），全球900万志愿者也将使用个人电脑，从射电望远镜转来的数据

阿雷西博射电望远镜参与SETI计划的部分观测

中，自动搜寻有没有外星人发来的信号。所有这些集合起来的个人电脑就组成了世界上最大的超级计算机之一。

向外星人致意

天文学家还主动发出无线电信号，试图与地外文明联系。1974年美国康奈尔大学使用当时世界上最大口径的阿雷西博射电望远镜，向武仙座球状星团（Hercules，M13）内30万颗恒星发射了强大的无线电信号，传达了地球和人类的信息，这些信号要25000年后才能到达该星团。

1972年美国宇航局发射了“先驱者10号”飞船，它携带了标志地球与人类的镀金铝板，将飞往远离我们65光年的毕宿五恒星，航程将长达170万年之久。

现代地外文明搜寻（SETI）开展至今已有56年，探测水平已有质的飞跃，但仍未探测到任何肯定的结果。这是为什么？

寻找地外文明，路在何方？

寻觅外星人，何其难矣

为什么尽管探测水平不断飞跃，但SETI多项计划至今仍未有任何重要的实质性进展呢？对地外文明的搜索，其主要困难是我们所不知道的。

仅银河系就有2000亿颗恒星，地外文明在哪里？可喜的是，由于开普勒空间望远镜的发现，使搜寻范围开始缩小。

主要的通信方式是什么？无线电？激光？中微子？或是其他？

对于像我们人类这样属于刚进入高技术初级阶段的智慧生命，他们是什么态度？是热情欢迎、主动和我们接触，还是将我们当作原始生态的“原始森林”加以保护和观察，亦或其他态度？目前看来第一种态度可能性较小。

看来，探索外星文明的道路还需另辟蹊径。考虑到银河系有2000亿颗恒星和更多的行星，我们又不知道外星人在哪些行星上，也不知道他们是不是采用无线电通信，因此搜寻外星人的无线电信号犹如大海捞针。

现在人类的飞行器速度低，要想去太阳系以外的行星需要几十万年或更长时间，很不现实。但外星人的飞行器技术可能比我们高得多，外星飞行器这根“针”有没有可能已游到地球村来，有没有可能在我们看到的UFO中间有少数是外星飞行器或外星飞行器产生的现象，这值得我们继续探索。

另辟蹊径

对于搜寻地外文明这样充满未知因素的科技难题，应走多路探索的途径，而不应只走“华山一条路”，只向着几十光年、几百光年甚至几千光年之远的行星去搜索。此外，现在一些大项目费用昂贵，例如开普勒空间望远镜耗资

贵州500米口径球面射电望远镜（来源：中科院国家天文台）

6亿美元，投资相对节约的全世界最大的贵州射电望远镜（FAST）也需耗资7亿元人民币（其科学目标也包括搜索外星人的无线电信号），所以我们应换个思考角度，突破思想禁区，另辟蹊径。

关于外星飞行器访问地球可能性的争论

外星飞行器能否访问地球？对这一问题，现在仍有很大的争论。

我国有一些天文学家认为这是不可能的，这个问题是禁区。其主要依据是：太阳系其他行星无本土的外星人；太阳系外的恒星及其行星太远，航行要数十万年甚至数百万年；在如此长期的飞行中，宇航员的生命保障、防宇宙射线，还有食品、氧气、水供应和医疗系统都难以解决。

笔者认为有可能，理由如下：

首先，目前人类火箭技术最高的速度为第三宇宙速度（16.6千米/秒）。对今天的人类来说，星际航行确实困难，但在不远的将来，人类就有可能实现氘聚变发动机火箭技术，速度可达1.5万千米/秒至3万千米/秒，可达到0.05倍至0.1倍光速，星际航行有可能在数百年内往返。

外星飞行器有可能比我们人类的现代技术高得多，有可能达到0.8倍光速，这样就可能在不太长的时间内完成往返。

其次，用高智能机器人代替智慧生命进行星际航行，大大减少宇航员生命维持系统的困难。

UFO是世界难题

调查UFO与外星飞行器的关系是条新路，但UFO是世纪之谜，也是世界难题。2007年，英国UFO项目前负责人波普说：“近60年英国国防部一直对UFO这种神秘事物进行研究，但却找不到答案。”美国和法国的政府机构或军方也在UFO探索中举步维艰，难以深入。

为什么国外60年的研究仍找不到答案呢？其原因是：UFO不期而遇，又飘然消逝，时常出现的时间只有几分钟至十几分钟，待专业的大型望远镜等“常规武器”开动起来，它早已消失得无影无踪，只能靠偶然的目击或一些有经验者偶遇的科学观测。而且几十年来国内外的实践表明，单靠军事部门研究UFO，是难以成功的。

为了解决这一难题，笔者首次在世界上对UFO引入定量科学分析的方法，40年来巧妙地将紫金山天文台和我国的有利条件，与自己天文实测经验相结合，并运用球面天文和物理的方法，形成自己的学术观点。

勇开先河

我们不仅要勇于突破上述理论上的禁区，更要在实践上开辟一条新路，要重事实依据，重科学依据。

从1971年起，我已对我国20多起螺旋状、扇状、光团状UFO进行了深入的调查和定量、半定量的科学分析，发现离地面130千米至1500千米的近地空间，多次出现奇异的飞行物，远低于第一宇宙速度。有的飞行物飞行速度低至每秒0.29千米，仅为其飞行第一宇宙速度的1/25，且在1460千米的高度平行地面飞行25分钟之久，说明这些飞行物有可能是具有抗地球引力能力的外星飞行器。否则，它们早就陨落下来。

就这样，在大量可信、可检验的观测报告基础上，我国天文学家在世界上首次对奇异的UFO进行定量科学分析，发现了螺旋状、扇状、光团状不明飞行

物等几种特殊UFO可能与外星飞行器的关系。

我国原空军报记者焦国力上校曾专门在我国《飞碟探索》杂志上撰文介绍，从他采访的情况看，我国飞行员多次与奇异的UFO相遇，这表明了外星飞行器来访的可能性。

有关学者的支持

不明飞行物的探索研究现在已得到了进一步的支持。2007年7月20日，中国工程院潘君骅院士在上海UFO科学论坛开幕式上的讲话中指出："根据美国官方的统计，95%的UFO是可知的，5%的UFO是不可解释的。只要有不可解释的现象存在，你就不应该简单地否定，这是一种不负责的态度。人类不应该有这种态度，不明飞行物是可能和地外文明有关的。探索未知的事物是人类的特点，人类社会也是因为探索进程才有了发展。所以，研究UFO现象我是持积极态度的。我们应该把UFO现象的研究引导到严肃的、科学的研究轨道上，搜集

智利拉西拉天文台美景（来源：ESO）

大量的观测资料并加以分析。”

南京大学天文系季国平副教授指出：“SETI（用最先进技术搜索极其遥远的外星人无线电信号）是‘大海捞针’，耗资巨大，成功遥不可期，即使搜索到极其遥远的外星人无线电信号，来回通信也要很长的时间；而UFO探索是舍远求近，花费较少，有望一朝突破，促进人类科学技术的新飞跃。”如果我们另辟蹊径，积极支持对UFO的探索研究，就可能以较小的投入取得重大的突破。

UFO的探索研究

中国十几种不同类型的UFO

实际上，在对我国UFO事件45年的调查分析中，我已将100多次典型的UFO事件分类为十多种，并重点分析了有两个以上不同地点同时观测到的UFO事件。其中有7种是能够用已知的自然现象或人为现象解释的，这包括火流星状、光斑状、亮星群状、时停时飞的闪烁光点群、亮星状、飞棒状和飞棍状UFO；而有8种UFO现在还难以用已知的自然现象或人为现象解释，这包括螺旋

火流星

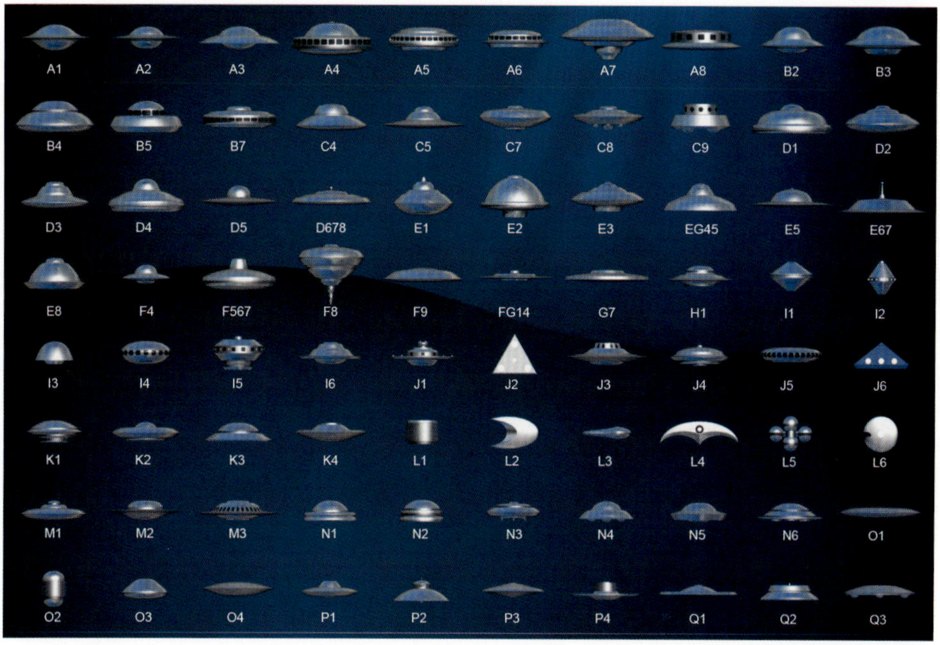

各种形状的UFO

状、扇状、光团状、球形闪电状、球壳状、悬停的纺锤状、V型状、空中怪车状、似小光人状和飞碟状UFO。其中螺旋状、扇状、光团状、球壳状和飞碟状UFO可能是与外星飞行器有关。

我国曾多次出现空军飞行员在空中与UFO相遇的事件，例如1998年10月19日晚23时30分开始出现的河北沧州上空的飞碟状UFO事件。

我国关于螺旋状、扇状、光团状UFO事件的调查和定量分析

1971年9月26日晚18时58分至19时07分，我国江苏扬州北部邗江县槐泗公社的纪翔、扬州南部施桥镇的陶思炎，分别独立地在两地同时观测到一次奇异的天象：一个满月大小的螺旋状发光物出现在西北夜空，仰角约10至20度。这个发光物静悬在夜空中，无声，仿佛在挑战人类的智慧。与此同时，在北京大兴县黄村的贺增荣也在西边夜空看到了波纹状的发光光环。他定睛观察了5分钟，发现发光物也是静悬空中，无声。

我对这几份目击报告进行了对比分析，发现可相互验证，说明这次不明发光物是真实的，并不是什么光学幻觉。

从对流星、彗星等天象的观测，可排除这不是已知的天文现象，也与已知的气象现象不同。但在当时，只是初步估计该发光物高度在数百千米，很高。

1971年以后，在我国上空又出现了13次螺旋状UFO和10次性质属同一类的扇状、光团状和球壳状UFO。尤其是1981年7月24日晚22时33分至52分出现的螺旋状UFO，和1995年7月26日晚22时0分至25分出现的扇状UFO，我国有十多个省、直辖市都目击了这两次大规模的UFO事件，目击者上百万人之众，其中就有中国科学院紫金山天文台的天文工作者。

紫金山天文台先后分别收集到70多份和50多份目击报告，随后又对部分目击者做了进一步的科学调查。这些目击报告大多数是真实可信的，并且可以相互验证。

计算出UFO的高度、速度

对以上两次UFO事件，天文学者们已从大量的目击报告和科学调查笔录中，分别选取了38份和26份质量较高者，分析计算了这两次UFO的飞行高度、速度与其他物理参数。

这些UFO的高度和速度是怎么计算出来的？

新中国成立以来，我国已形成一支人数较多、水平较高的天文爱好者队伍，他们热爱天文，熟悉小型天文望远镜，有较丰富的望远镜和肉眼实测经验，且分布在全国各地，形成一张有效的观测网。一些天文爱好者细心地观测了这两次UFO事件，并标出UFO运动时经过的星座背景上的位置和时间，详细说明UFO的变化细节。另外，他们还提供了观测地点、目击者的姓名和通信方式。

紫金山天文台的天文学家们，有多年天文实测和野外调查火流星的经验，还多次组织过各地天文爱好者观测小行星掩星，又有在大学天体物理专业多年学习的专业基础。他们从多个相隔足够距离地点的人提供的高质量目击报告，就可以通过球面天文方法计算出UFO的飞行高度、飞行方向、飞行速度和“星下点”位置，并用物理方法分析其机制。由于有不少高质量的目击报告，因此所计算的参数可以相互验证。而且，这些UFO事件的调查分析和计算是在事件发生当年就进行的。

UFO的特点是不期而遇却又飘然消逝，出现的持续时间往往只有几分钟至十几分钟，偶尔达到几十分钟。这种捉摸不定的特点给目前专业天文观测带来很大的困难，而且，即使有一个天文台碰巧观测到UFO，光靠一个地点的光学观测也无法确定UFO的飞行高度、飞行方向、飞行速度和“星下点”位置。因

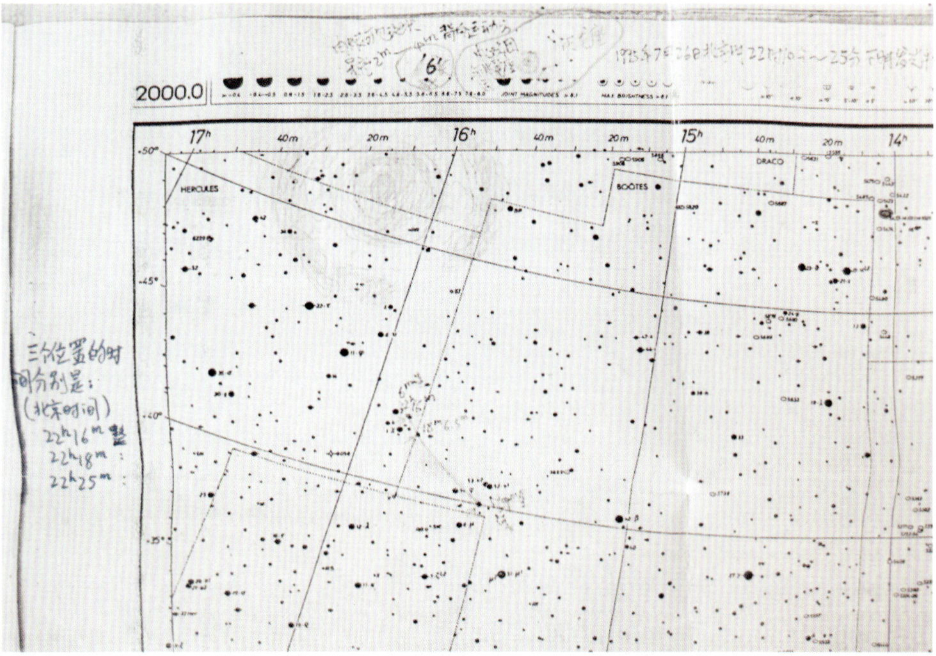

1995年7月26日UFO著名天文爱好者张大庆在星图上标出不明飞行物在不同时间所在位置和形态。左上方是在22时09分时观测到的“夜空巨眼”，中央有一球状光团直径约3度，是满月直径的6倍；外环直径约8度，是满月直径的16倍。它就像夜空中的幽灵巨眼，神秘莫测。更令人意外的是随后忽然有一颗“星星”忽明忽暗地从中间的球状光团“走”出来，速度十分慢。在球状光团的下方，张大庆标出了该“星星”在不同时间的移动位置。

此，分布在全国各地的水平较高的天文爱好者队伍就形成一张有效的观测网，发挥了作用。

40多年来，天文学者们正是巧妙地借助这张有效的观测网，去粗取精，相互检验，并运用球面天文和物理的方法，对一些重大的UFO事件进行定量的分析，形成新的学术观点。

令人瞩目的奇异特征

对上述两次UFO事件的深入调查、分析和计算表明，该UFO都有令人瞩目的奇异特征。1981年7月24日晚的螺旋状UFO，它从内蒙古自治区南部与陕西北部交界地区上空飞至新疆南部地区上空，飞行距离约2000千米。目击范围北起内蒙古，南至广西、云南，东起山西、河南，西至西藏。

在第一阶段，该UFO呈现为弧状光带，似星云状，亮度与银河系密集星区相近，并向西运动。西移过程中，亮度有所增强，光带中心出现强烈闪光。

第二阶段，当该UFO运动到甘肃省永昌地区上空时，曾悬停空中约半分钟，形貌已变成耳状，内耳为月牙形、较亮，而外耳较淡。在静止约半分钟后，中间的月牙状亮光开始转动，外耳也随着运动，月牙状亮光随着旋转一明一暗，明亮

形似草帽的UFO想象图

1981年7月24日晚22时38分至47分，西藏昌都（31°18′N，97°12′E）李玉发目击到的螺旋状发光物，它由东北向西北偏西方向缓慢飞行。示意图为飞行过程中不同时间的几个形态（从右上方至左下方）

时特别亮，并转出螺旋状光带，同时向西飞行。在悬停的下方永昌地区和永昌地区的东西南北不同地区——内蒙古固阳、陕西华县、甘肃陇西、贵州毕节、四川蓬安、云南昆明和大理地区的人，都目击到这一奇特的高空悬停现象。

1981年7月24日晚22时40分至44分，不明飞行物由西向东在甘肃武威市头顶上空飞过。该市黄羊镇的崔宗福，用双目望远镜（放大10倍）观测到的UFO图像（观测地理位置为37°40′N，102°40′E；在该UFO飞行路线正下方）。该UFO中间为哑铃状发黄光的中心飞行体，上面的一头大，下面的一头小，两头的圆球发出扇形的带波纹的浅蓝色光，大头光强，小头光弱。

第三阶段，该螺旋状UFO整体向西缓慢移动，愈来愈大，令人惊讶。

第四阶段，紫金山天文台的天文工作者韩兴荣在青海德令哈观测到这次UFO在头顶偏北约15度上空飞过，在西北方向仰角约30度上空突然自行消失（不是被高山或建筑物遮挡）。

这次UFO飞行高度为（650±10）千米，后半段在甘肃中西部上空至新疆南部上空的运动速度为（1.6±0.3）千米/秒，远低于第一宇宙速度（7.9千米/秒）。

1995年7月26日晚的光团状UFO也有不同的奇异特征，因篇幅关系这里不再详述，只介绍一下要点：UFO首先出现在陕西东北部上空，向西飞行距离为430千米，飞行高度为（1460 ± 60）千米。尤其值得注意的是，UFO的飞行速度很低，仅为（0.29 ± 0.05）千米/秒，远远低于第一宇宙速度。

从这两次UFO的基本特征可以判断，它们可能是特殊的空间飞行器，它们一面飞行一面喷射大量的细小颗粒和气体物质，当其旋转时就形成螺旋状或扇状、光团状UFO。这种飞行器可能有反引力的奇异特性，否则难以解释7.24UFO悬停太空和7.26UFO在1000多千米高空的极低飞行速度。

人类所能看见的物质和难以看到的暗物质，都是受万有引力支配的。直升飞机空中悬停只能在高度为几千米以下的对流层，这里空气较稠密，直升飞机的螺旋桨旋转时，将空气往下喷射，向下喷射的喷流给直升飞机以反作用力，使之与重力（地球引力）平衡，从而能使直升飞机悬停半空。而这两个不明飞行物飞行在650千米和1460千米的空间，那里大气十分稀薄，而且观测表明它们也没有向下喷射物质。在这种情况下，它们很难悬停或以极低速度持续平飞而不陨落，因此，这种飞行器可能有反引力的奇异特性。

人类现在尚未掌握反引力的高科技，所以它们有可能与外星飞行器有关。但需要说明的是：外星飞行器与外星人驾驶的飞行器访问地球并不能等同起来，就像人类的飞行器探测火星与人类登上火星并不能等同起来一样。可能有关系与确定有关系也是不同的，前者还需要进一步探索研究。

如果我们通过进一步的观测和分析，找到了外星飞行器来访地球的进一步证据，那就能改写人类的历史，其意义不亚于哥伦布发现新大陆。

螺旋状或扇状不明飞行物，有没有可能是具有反引力特性的自然物质呢？现在人类所能看见的物质和难以看到的暗物质，都是受万有引力支配的；如果真能发现有反引力的自然物质，这也是重大的突破。

如果地球文明和外星文明相遇

是“如果”，而不是“假如”。

这里所说的“如果地球文明遭遇外星文明”是“如果”，是有一定可能性的，不是虚拟的“假如”，不是《独立日》那样的美国科幻大片。即使今后50年内只有1%的可能性，人类也应重视，要防患于未然，避免全球性的大灾难。

笔者对于“应对外星飞行器袭击防患于未然”持谨慎乐观态度：外星飞行器是外星智慧生物的产物，不是神物，也是有弱点的。尽管地球人的科技可能不如外星人，但人类还是挺聪明的。连宇宙如何诞生这样137亿年前久远和深奥的谜团，也能破解并作出预言，这些预言又被后来的观测所证实；加上人类对地球的了解远比外来的飞行器强，因此只要我们尽早加强调查研究，我们是可以找出有效对策的。

光靠人类现有的高科技军事手段是难以应对外星飞行器袭击的，需要另辟

纪录片《外星人入侵》画面

蹊径：首先是加强调查研究，进一步掌握外星飞行器的特点（包括其强项和弱项），以备今后有针对性地制定有效的应对方法。

2015年，《国家地理》频道推出《外星人入侵》纪录片，该片预测在不远的将来，外星人将入侵地球。

该片以UFO出现开头，随后介绍外星先进太空舰队展开对地球毁灭性的攻击，这是一场不对称的战争，人类的高科技军事武器远不是外星飞行器的对手，在外星飞行器入侵地球的前期，人类损失惨重，后来幸存者改变策略，一步步将入侵的外星人赶出地球。

国外有事实依据表明，外星飞行器可能已经访问过地球

2015年初，中央电视台纪录片频道四次播放纪录片《绝密档案——不明飞行物》。该记录片有国外可信度高的UFO报道的事实依据和科学依据，包括美国宇航局和空军等提供的照片、录音和雷达探测，还有国外几位UFO学者深入的调查和科学分析。

记录片播放了以下五次重大UFO事件：

英国蓝道申森林飞碟事件（1980年12月25日晚和27日晚两次出现）；美国菲尼克斯之光事件（1997年3月13日晚8时30分出现至10时消失）；美国芝加哥奥黑尔国际机场上空悬停飞碟至少5分钟（ 2006年11月7日下午4时出现）；美国阿拉斯加州飞行员目击两个UFO事件 （1986年11月18日下午5时出现）；席卷比利时的不明飞行物事件（从1989年11月29日开始首次出现，随后18个月内，又多次出现不明飞行物。一共有2000多份目击报告，其中调查了650份）。

1980年12月25日凌晨3点钟，在英国萨福克郡美军班特沃特基地附近的蓝道申森林，出现过两位美军军士近距离观察外星飞碟的事件。那艘飞碟呈三角形，大约宽2米7、高2米4，表面十分平滑。两位军士靠近飞碟仔细观察，它的整体结构很流畅，像是玻璃一样，其中一名军士潘尼斯顿伸手触摸飞碟，感觉很温暖，但并不烫手。突然，那个物体又发出炫目的光芒，向上飞了起来，然

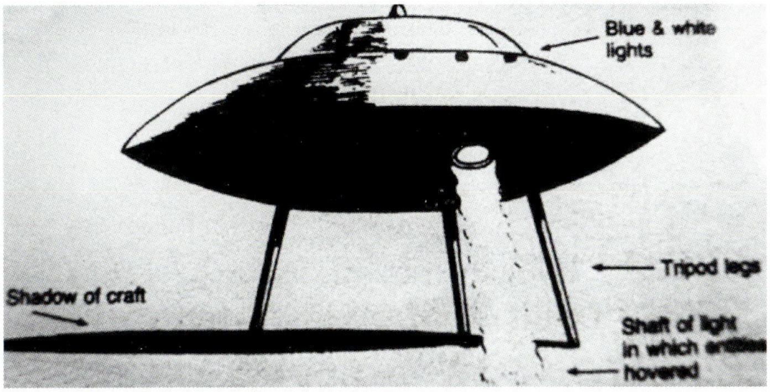

陆军上士吉姆·潘尼斯顿素描了当时目击的飞碟飞行器

后越过了树林。这是一次可信度较高的事件。

2007年，在英国蓝道申森林近距离遭遇飞碟事件发生27年后，英国国防部全面公开了160份有关UFO的绝密档案。其中最引人注目的是蓝道申森林事件，以下是该事件的详细经过：

地处英国萨福克郡的蓝道申森林的班特沃特基地，当年是美国空军的一个驻地。1980年12月25日凌晨，两名美国空军巡逻人员看到基地后门有异常的灯光出现，考虑到有飞机坠毁或迫降的可能，他们请求出去探查。值班的指挥官当时派了3个人步行前往调查，他们回来报告说，在蓝道申森林中看到了奇怪的发光物体，“该物体为金属质地，三角形，宽达2到3米，高近2米，发出的白光几乎照亮了整个森林。该物体顶部还发着红光，底部是蓝光。当巡逻人员靠近接触后，它瞬间飞进树林消失了”。奇怪的是，基地附近的动物当时也显得躁动不安。

次日，美军详细勘察了出现不明物体的地面，发现了3处明显的压痕，显然是飞行物着陆时留下的。第三天晚上，美军在该地进行的辐射检测数据显示，3处压痕都有辐射数据，在着陆点的中心位置检测到的辐射量要高于3处压痕。12月27日当晚，美军军官和士兵又在森林里看到了跳动的红光，3个像星星一样的发光物出现在高于地平线10度的地方，2个飞向北方，1个飞向南方。

接到这次不明飞行物的目击报告后，基地副指挥官美国空军中校查尔斯·哈尔特还前往实地调查，并详细地做了记录，记者在文件第三页还看到了他清晰的签名。

蓝道申森林事件至今还受到很多人的关注，2007年11月的英国《每日电讯报》披露了当年目击者詹姆斯·潘尼斯顿的自述。潘尼斯顿介绍了他与UFO的“亲密接触”：“飞行物表面光滑，摸上去手感温暖，表面有象形文字，最大的一个图形呈三角状，后来它发出强光，以不可思议的速度从我们眼前飞走了。”

事隔30年之后，在2010年9月27日，7名美国空军退役军官和1名研究者在华盛顿全国新闻俱乐部举行新闻发布会。他们公开披露，1980年12月27日晚上，当时UFO曾多次干扰美国和英国的核导弹。在记者会上，哈尔特中校说：“1980年我曾在基地附近的一座森林里亲眼见到不明飞行物。那是一个发光的红色物体，似乎眨着眼睛正在向外流出金属熔液。”哈尔特中校还指出：“美英两国的安全部门无论当时还是现在，都试图掩盖事实真相。”这些退役军官呼吁政府向公众讲明事件真相。

因为蓝道申森林事件中留下的记录非常详细，加上报告的提供方是严谨的军方，所以在已公布的几个UFO档案中，该事件给人的印象最为深刻，科学界受到的震动也不小。

GRASSROOTS

'Despite a massive cover-up, News of the World investigators have proof that the mysterious craft came to earth in a red ball of light. An American airman who was there told us there were three beings in silver space suits aboard the craft....' More seriously, they produced a supporting statement from a named American Air Force colonel, which we reprint on the right. And an American UFO expert who said 'You can't hide the truth for ever.' Which is where Ian Ridpath takes up the investigation.

A flashlight in the forest

当时的报纸报道了蓝道申森林事件

在UFO档案全部公开之前，始终对UFO现象持怀疑态度的英国科学界，在态度上也出现了变化。就连曾在20世纪90年代初负责国防部UFO项目的尼克·波普也说，他本人最初对UFO持怀疑态度，在接触一些绝密档案和进行一系列UFO事件调查后，他的想法开始转变，感到一些事件“非常可信”。科学界与官方对UFO看法上的转变，无疑为揭开UFO之谜提供了有利条件。

国外这五次重大UFO事件与我国的十多次重大UFO事件有异曲同工之妙，可以相互支持和补充。

美国科幻电影《独立日》剧照

这说明，不仅我国一些重大UFO事件有不少的事实依据和科学依据表明外星飞行器可能已经访问地球，而且国外也有事实依据和科学依据表明外星飞行器可能已经访问过地球。笔者分析，这些外星飞行器可能由高智能机器人驾驶。

外星飞行器访问地球意欲何为？

从近几十年来对国内外相关的重大UFO事件调查看，笔者分析外星飞行器现在对地球可能处于考察阶段。

一是考察一些敏感地区。例如2010年9月27日中午，7名美国空军退役军官和1名研究者在华盛顿全国新闻俱乐部举行新闻发布会。他们介绍了不明飞行物飞近美国及世界各地的导弹基地、核导弹基地，多次无声悬停在导弹发射井的上空，将光射入发射井；以及不明飞行物近距离观察英国蓝道申森林中间萨克福郡美军班特沃特核导弹基地事件。这些奇异的不明飞行物的飞行特性与美国先进飞行器迥然不同。此外，还有我国1998年10月19日沧州基地飞行员追赶飞碟重大事件等。

二是考察人类的智慧。一些与外星飞行器有关的重大UFO事件还挺神秘，例如贵阳“空中怪车”事件、1995年7月26日光团状重大UFO事件、1981年7月

24日螺旋状重大UFO事件等。这些外星飞行器事件可能是在考察人类破解这些错综复杂现象的能力。

那么，外星飞行器访问地球下一步意欲为何呢？它们是按照残酷的生存竞争法则，物竞天择，适者生存，侵害人类；还是遵循和谐宇宙法则，相互帮助，促进双赢呢？换句话说，外星飞行器来访，对人类是善，还是恶？

著名天体物理学家斯蒂芬·霍金主张外星人来访对人类是恶意的。

2010年4月，霍金说，外星人几乎可以肯定是存在的，但人类不要主动努力去寻找外星人，应该尽量避免与他们接触，否则有可能会给人类带来灾难。霍金这一观点已引起全球的密切关注。

霍金认为，少数生命形式可能是智能化的，但他们对人类是一种威胁。外星人可能会袭击地球，掠夺地球上的资源，然后扬长而去。霍金说："我们看看自己就知道，智能生命是如何发展到无法自给自足的地步了。我设想他们应该是坐着大型飞船来地球的，不过由于长途旅行，他们已经耗尽了起飞时所带的资源。他们可能已经成为流浪者，伺机征服并殖民他们能够抵达的任何星

霍金与美国宇航局局长查尔斯·博尔登（来源：NASA）

球。”霍金还说：“如果外星人来拜访我们，我认为其结果就和当年哥伦布到达美洲大陆差不多，美洲的土著居民深受其害。”

我们认为，下这个结论还为时尚早，因为现有的事实依据和科学依据还难以判断外星飞行器的善或恶。500多年前，西方殖民者到达美洲，美洲土著居民确实深受其害。但现在人类已认识并采取实际行动保护生物多样性，而且外星智慧生命的科技可能要比人类发达得多，他们可以用高科技解决能源危机问题（例如使用核聚变能源、反物质能源、直接使用太阳能源等），甚至还可到无生命的星球采矿或自己创造新材料。

应对外星飞行器袭击的初步策略

一、科学的前瞻性是成功对策第一个关键。

我们认为外星飞行器来访下一步有三种可能性：

1. 仅仅是考察，不干预人类事务，只是将考察情况发回派遣它的母星球。

2. 考察后，根据了解的情况，给予人类以针对性的帮助。

3. 考察后，根据了解的情况，袭击地球，掠夺地球上的各种资源，使人类深受其害，就如霍金预测的那样。

我们应首先考虑最好的可能性，如果外星飞行器对人类是善意的，就可以通过双方的交流合作，以此促进人类文明的飞跃。

同时我们也要做好最坏的思想准备，如果外星飞行器对人类的态度是恶意的，只要我们事前有准备，就能针对他们的弱点给予反击，尽量减少人类的损失。

笔者认为，霍金的“外星人恶意论”脱离实际，人类的无线电信号早已传至100多光年以远，外星人的科技如此发达，想了解我们地球有无智慧生物，并不困难。所以，我们不应存在幻想。

从外星飞行器飞近美国的导弹基地、核导弹基地看，从1998年10月19日飞碟飞近我国沧州空军基地和飞行员追赶飞碟重大事件看，下一步，外星飞行器袭击地球也存在着不可忽视的可能性。

中国有一句古训："生于忧患，死于安乐。"所以我们要居安思危，有备无患，凡事预则立，不预则废。我们宁可事先谨慎有余，也不要事后追悔莫及，尤其是事关全球安危的重大事项。科学前瞻性与胡思乱想的区别就在于，是否有事实依据和科学依据。

二、如何打赢这场力量悬殊的战争?

从国内外许多次可信的重大UFO事件的深入调查和定量半定量分析看，外星飞行器可能具有反地球引力的能力；其动力机制也与地球飞行器不同，地球飞行器（例如火箭）是靠向后喷射物质来推进速度的，外星飞行器不需要靠向后喷射物质以求推进，飞行常常是无声的，而且可以在很短时间内提升到很高速度；有时会同时出现多架飞行器，有时会从一架较大飞行器里飞出一架较小飞行器，较小飞行器还会飞回较大飞行器里；从贵阳"空中怪车事件"看，它们可能会快速喷射粒子流，击倒目标；它们有突然消失的能力。

从上述特点分析来看，外星飞行器仅仅是更高智慧、更高科技的产物，并不是神造的飞船。虽然科技水平明显高于人类，从20世纪80年代它们已开始注意考察人类的军事敏感地区，但作为外星球的飞行器，它们对地球和人类的了解远不如人类。人类对地球的了解远胜于外星飞行器，人类反外星飞行器侵略是正义的事业，能使世界人民团结起来。但是因为人类的科技水平明显低于外星飞行器，现在对于人类来说，地球是一颗"未设防"的星球，这是十分危险的。

如果地球遭受外星飞行器袭击，人类将明显处于劣势，这将是一场力量悬殊的非对称战争。历史上在非对称战争中，劣势一方打赢对方的事例并不少见，美国独立战争就是一例。

在美国独立战争刚爆发的时候，英国是非常强大的，军事、经济实力都很强。反观美国，士兵少、素质差、枪支烂，美国海军只有3艘战舰；英国则是人多势众，武器精良，打败了海上霸主西班牙，有300多艘战舰。看上去，这场非对称战争几乎没有悬念，美国必败无疑。

外星飞行器艺术想象图

外星飞行器艺术想象图

但美国广大军民英勇奋战，美军战略、战术灵活，正规战与游击战相结合，摒弃传统的线式战斗队形，根据地形、地物采用疏开队形作战，不拼消耗，不计一城一地之得失，而着眼于消灭敌人的有生力量。

由于英国轻敌导致战术错误、长途奔袭消耗大量精力和物资，加之法国和西班牙后又向美国提供财政援助，局势慢慢发生变化，华盛顿占领了上风。事实上，即使美国取得了独立，胜利后美国的实力仍明显不如英国。

美国独立战争的例子给我们启发是，应发挥自己的长处，回击对方的短处，不一定要实力完全超过对方，只要能将对方赶走就是胜利。

如果外星飞行器袭击地球，有可能采取突然闪电式袭击的方式。例如它们首先攻击全球信息传递的卫星系统，使其瘫痪，再攻击各国的指挥中心和经济中心。一句话，就是以闪电方式出其不意地攻击人类社会的中枢和弱点。

人类从现在起，就应考虑在全球信息传递的卫星系统被摧毁后，如何维持信息沟通。

目前，人类相当大的精力还是放在各国的国防上，对此已花费大量的军费，还没有注意到外星飞行器袭击地球的可能性。人类现有的高科技军事手段主要只是用来应对国与国之间的军事冲突，难以应对外星飞行器的袭击，尤其是难以应对毫无预兆的突然袭击。

人类要想打赢这场非对称战争，很重要的一点就是事前加强调查研究，弄清外星飞行器的意图、强项和弱项。

从笔者40多年对UFO和地外文明的探索分析来看，光靠人类现在的高科技军事手段难以应对外星飞行器的袭击，需要另辟蹊径。人类首先是要加强调查研究，进一步掌握外星飞行器的特点（包括其强项和弱项），以便今后有针对性地制定有效的对策。

外星飞行器虽然具有比人类飞行器更高的科技水平，但它仍然是外星智慧生物的产物，不是神物，自然也有其弱点。

对外星智能生命进行直接接触应当谨慎，人类不能主动去挑衅。但为了打

美国科幻电影《E.T.》塑造了最负盛名的外星人形象

赢这场非对称战争，人类应加紧时间进一步研究外星文明和UFO，因为只有“知己知彼”，才能“百战不殆”。

现在人类面临的最大问题是：地球至今仍是一颗“不设防”的星球。

虽然地球文明还未遭遇外星文明，但在500多年前，当美洲文明与西方文明相遇时，其结果是：西方殖民者入侵美洲大陆后，美洲95%的土著居民死于大屠杀和瘟疫。这一残酷事实不禁让人深深地担忧：一旦地球文明遇到外星文明，是否也会遭遇这样的灭顶之灾呢?

莎士比亚有句名言：“生存还是毁灭，这是一个值得考虑的问题。”有充分的思想准备，总比毫无准备要强得多。

三、现阶段的主要工作

现在人类对UFO和地外文明探索研究还很不重视，人力、物力投入太少。笔者已从事多年UFO和地外文明的探索研究，深知这项工作的艰辛。

首先，建立全国性的UFO和地外文明观测研究中心。这个中心负责组织协调全国各地的观测研究工作，及时收集全国各地的观测报告，并做进一步的调查和分析。

其次，建立专业的观测网。首先需要设计新型灵活的专用望远镜，因为当不明飞行物不期而至时，持续时间非常短，多数在几分钟至二十多分钟。与大型天文望远镜相比，这种专用望远镜口径可以相对小一些。我们可多准备几十台，合理放置在不同的观测站，形成观测网。观测站应尽量使用现有的天文观测站和业余天文观测基地，以降低费用。一旦有不明飞行物出现，观测站立即发出观测指令，联网观测可使观测的精度、深度有质的飞跃，并在此观测的基础上，进行精度更高的定量科学分析，逐步实现这项重大的探索目标。

第三，建立UFO科学考察队。建立多学科结合、训练有素并配有合适设备的科考队，将UFO调查水平提升到新高度。科考队应由天文、物理、力学、气象、地质、地理、航空、航天、摄影等多学科人士组成，平时就近调查热点UFO事件，积累经验，一旦突发重大UFO事件，就立即赶往现场，高效收集第一手珍贵信息，并保护好现场，可谓事半功倍。从地区分布上来说，UFO科考队需逐步形成一个全国网，一旦突发重大UFO事件，附近的队员可抢先前往。

第四，建立系统的UFO档案库，深入开展对UFO重大事件的系统定量、半定量分析。

我国从20世纪80年代初起，就已开展UFO重大事件的系统定量、半定量分析，这方面已走在世界的前列。今后我国还应进一步提高观测质量。

目前人类已全面进入信息时代，如果外星飞行器想要袭击地球，笔者大胆预测，它们很有可能首先摧毁人类的卫星通信系统。为此，我们应加紧研究新一代的通信系统，并同时研究通信卫星被摧毁后的应急通信方式。

新一代的通信系统方式包括激光通信和量子通信。电子通信时代，信息安全脆弱得像一层窗户纸，由于计算复杂度的经典加密体系一次次被破解，原本令人绞尽脑汁的信息加密系统最终很有可能形同虚设。唯一的解决之道，就是求助于保障信息安全的“终极武器”——量子通信。由中国科学家自主研发的世界首颗量子科学实验卫星，已于2016年8月发射，这有望使中国将来先于欧美拥有量子通信覆盖全球的能力。

量子通信作为后摩尔时代的新技术，有望在10~15年之内成为继电子和光电子之后的新一代通信技术。

这些实验将通过我国自主研发的星地量子通信设备完成，在全球率先实现星地量子通信。基于此，有望构建我国星地一体的广域量子通信体系。

首颗量子科学实验卫星发射成功后，我国还将发射多颗同类卫星，到2020年实现亚洲与欧洲的洲际量子密钥分发，届时联接亚洲与欧洲的洲际量子通信网也将建成，到2030年左右，则有望建成全球化的广域量子通信网络。

此外，我们还要研究在全球信息传递的卫星系统被摧毁后，人类应如何维持信息的保密与沟通，并筹建全球性的UFO和地外文明研究协调中心。

国外对UFO的探索研究，以美国开展情况较好，具有代表性。从UFO观测角度来看，美国这方面的案例和资料很丰富，还有许多美国联邦政府解密的官方档案。一般官方档案都是可信的，根据《自由信息法》（FOIA），公民有权利知晓联邦政府所获得的信息，于是一些官方目击报告逐步向大众公开。

美国的UFO网站和研究者有很多，如“Ufoevidence.org”网站是一个综合性的UFO网站，有UFO照片、案例、目击报告、科学研究、学者论文等各方面主题，网友可以直接填表递交目击报告；又如“Project1947.com”网站的建立者Jan Aldrich，他在做自己的项目：从最早的UFO目击报告开始，对每一份联邦政府公布的可信的报告归档，建立一个可信的档案数据库，并且印刷出版。

MUFON（The Mutual UFO Network）是目前美国最大的民间飞碟研究机构，1969年由Walter H.Andrus Jr建立。该机构经常制作刊物、建立网站、举办研讨会等，并有许多科学家做顾问。美国的UFO研究，发展时间长，资料丰富，社会公众对这方面的研究也比较有兴趣，社会组织很广泛。一旦出现UFO事件，社会各界以及UFO爱好者研究者，也能够作出迅速的反应。但对于科学量化观测和事件发生后的反映调查，这些民间组织并没有很明确的概念与目标。

关于今后的国际交流合作，笔者有以下几点建议：

1. 向国内介绍近二三十年发生在国外的重大UFO事件，例如1997年美国凤凰城UFO事件（1997年3月13日）以及政府公布的相关调查报告；介绍国外UFO

猎手的经验和网站优势；向国外逐步介绍中国UFO研究的主要成果，同时逐步开展国内外UFO学者的人员交流活动，比如可以联系MUFON组织等，通过交流才能根据我国国情取长补短。

2. 召开国际UFO学术研讨会，集中讨论几次有代表性的重大UFO事件，并商讨今后国际间交流合作的途径。

3. 筹建全球性的UFO和地外文明研究协调中心，研讨应对突发事件的对策。

银河之下的智利拉西拉天文台（来源：ESO）

UFO的观测和探索

如何改进UFO探索研究方法

现代科学已进入定量科学分析时代，不少学科已进入精确观测、实验和精确定量的科学分析时代。从国内外几十年UFO探索的经历看，如果天文学家再不改进观测方法和调查方法，不提高观测精度，不逐步掌握定量或半定量的科学分析，UFO探索研究很难从根本上扭转现在的困难局势，直接导致UFO的研究长期受世人怀疑。如果我们现在连UFO的高度是在十几千米以下的对流层还是130千米以上的空间都搞不清楚，怎么能说UFO客观存在或者已经有结论了呢?

对UFO的观测困难首先造成难以确定UFO的距离，从而难以测出UFO的大小和速度，后面的分析就更无从谈起了。当然，要进一步实现这项重大的探索目标，还要提高观测质量。

螺旋状、扇状、光团状等UFO出现的规律

UFO这种神秘的飞行物往往是不期而至，转瞬又飘然消逝，真有点像星空中的幽灵，让人难以捉摸。然而螺旋状、扇状、光团状等UFO已出现了20多次，也并不是一点规律也没有。从目前已掌握的资料看，在我国，螺旋状不明发光物最早出现在1971年9月26日晚6时58分至7时07分。在不少事件中，发光物明亮时呈现螺旋状，但也有一些呈光团状、环状或扇状。从出现的地区看，大多数不明发光物出现在我国西北地区上空，有时也出现在我国东北、华北、华东或西南地区上空。由于飞行高度高，因此我国多数南方省份群众也曾有幸目睹过它们的“风采”。从出现的月份看，多数出现在5月至10月这半年内。从出现的年份看，最近的45年里，凡是末尾数字为1，2，7的年份，大多会出现这种神秘的发光物。例如2002年6月30日与8月28日晚先后两次出现扇状和环状

UFO，我国有十多个省、市群众都目击到这两次事件；2007年6月26日晚22时10分至20分又再次出现扇状UFO事件，它与2002年6月30日晚出现的扇状UFO相似。2011年8月20日和9月26日又如预期那样，接连两次出现光团状UFO。因此，今后它们有可能再次光临地球，是天文爱好者搜索观测的大好机会。

由于各地观测者所处的位置不同，因此这类奇异发光物出现的仰角和方位也不同。假设不明发光物出现在陕西北部上空，高度为600~1500千米，那么在北京地区看，它应该首先出现在西方，仰角为30°~70°左右；而从云南地区的观测者来看，它的方位则为北偏东，仰角为10°~30°左右。

以上是对过往事件的推测，那么1997年10月4日晚19时05分开始出现的不明发光物则应证了以上推测。当晚不明发光物首先出现在内蒙古东部上空，再

1981年7月24日四川广汉何春林观测到UFO后描绘的图片

向西偏南飞行；与此同时北京地区的一些观测者则目击到它首先出现在东偏北方向，再向西偏南移动。

这类UFO从开始出现到消失的持续时间一般为几分钟到十几分钟，用望远镜可观测到更长时间，飞行角速度（1分钟在天空中移动了多少角度）一般不快，但也有个别UFO出现时间很短，只有半分钟至1分钟，观测更需要机动灵活，例如1987年8月27日晚，螺旋状发光物快速飞行，持续时间仅1分钟。当时浙江天台中学初二（1）班范江南同学就将其从发现到消失的7个不同时间的形状特征、大小和位置作了描述并画图表示。

由于UFO出现的突发性，因此观测者要想做好搜索观测工作，平时的准备和练习就显得很重要。以下几点在正式观测前必须做到：

1. 熟悉星空、星图和方向；

2. 观测地点除安全外，应尽量找灯光影响小和四周无遮挡的开阔地，并配有合适的手电筒；

3. 手表要准，并经常与电台校对；

4. 准备好望远镜（没望远镜也可用肉眼观测）；

5. 有照相机和摄像机者事先作好练习与准备；

6. 有条件的观测者可进行雷达、激光测距，或光谱及多色光、单色光、偏振光观测。

至今有关发光物前期现象的观测报告还很少。在早期阶段，它可能像一颗小星星，或有明显移动，或移动很慢甚至似乎不动；然后它可能突然开始闪亮或变亮，或时明时暗，并可能改变颜色或大小；它也可能是一个较小的椭圆状或其他形状的发光物，还可能是带尾巴的发光物以弧形路线上升。若想用望远镜进行搜索观测，一定要随时留心。如发现发光物要即时抓住，并记住出现时的星空位置、形态、大小、颜色、亮度、变化过程，出现时的移动方向、角速度及其不同变化特征发生的时间，尤其要注意并监测它是如何演变成后来的发光物的。

监测发光物的中期和后期现象，可参考下文张大庆的观测报告中所谈到的一些做法。需要特别提醒的是：观测者一旦监测到发光物，一定要注意及时将其位置、时间标在星图上，或用方向与仰角表示。除此之外，还要观察该发光物有无在空中悬停过一段时间？速度有无时快时慢？运动方向有无变化？对地面有无影响?该发光物有无声音？若有，是什么样的声音？持续多长时间？另外，它对收音机（尤其短波）、电视、电脑、通信有无干扰？当时有无停电？

最后还要留心该发光物是逐渐变暗消失的，还是突然自行消失的，亦或是受云、山、建筑物遮挡而消失的。总之，希望观测者们细心地用望远镜一直监测到发光物完全消失为止。

目前，关于这种发光物中后期现象的观测报告较少，下文中的张大庆的观测报告做得很好，可供广大观测者参考。

不明飞行物的出现是突发性的，因此公众的监测、搜索显得相当重要，尤其是航空、空军、炮兵、气象、测绘、地质、地理、新闻等专业工作者和天文

大麦哲伦星云（来源：ESO）

爱好者能发挥更好的作用。大家只要认真、细心，能抓住发光物不同时间出现的细节变化，就能取得很好的观测效果。

观测仔细，才有可能做好观测记录。做好观测记录，这是每位观测者一定要学会的。观测报告首先要真实，观测者观测到什么就报告什么。如果有些现象在记录时记忆把握不大，这不要紧，如实说明即可，但是决不要编造材料，因为虚假内容对科学研究十分有害。只有真实而详细的观测记录报告，才能为科学家在后期进行科学分析时提供有价值的科学依据。

观测记录的内容包括：

发光物出现的位置、时间，可标在星图复印件上，或用方向、仰角表示；发光物的形状、特征和大小，最好用描图加以说明；若有照片、视频等资料请加文字说明；观测设备的规格、性能；目击者的视力情况；观测的地理位置应标明省、市、县、乡、村，以及距离县城的方向、距离。

1995年7月26日晚22时00分至25分（北京时间），我国西北地区高空出现了一次奇异的扇状、光团状发光物，全国有20个省的公众目击这一“天象”，反应强烈。笔者对收到的大量观测报告进行了长时间的认真调查、分析和计算，发现这是一个奇特的空间飞行器。它飞行在1460千米的高空，飞行速度却远小于第一宇宙速度，它能喷出长达3千米的火焰，并喷射出大量的气体尘埃物质。这个空间飞行器一面旋转，一面缓缓地向西飞去。它所喷射的气体、尘埃物质在高空的阳光照耀下熠熠生辉，形成了扇状或光团状的发光物。

附录1　我国著名天文爱好者张大庆当时在河南开封郊外对1995年7月26日晚UFO事件所做的观测报告：

1995年7月26日，我在天文观测行将结束的22点多钟（北京时间），用肉眼突然发现，在天顶西北方向即天龙座θ星以南5°为中心处有一个极为醒目的光团，光团有一直径为8°的半月形外圈，开口向南，中心部分（直径为3°）是一明亮光球，亮度超过银河数倍，总星等为0至−1等。我当时看了一下手表，时间是22时10分。当时光团逐渐变得更明亮，形状极似一只瞪圆的眼睛，没有位移。过了一会儿，我忽然看到光团内闪烁出一颗2m（2等）星，随即变暗。我奔回望远镜处操纵它指向光团，但只看到光团在望远镜中呈现为白雾状（呈白斑状）。等我再用肉眼看这个云团（光团）时，忽然发现那光点又出现了，似乎可看出这个光点有很小的视面，用口径20cm的反射镜与26×目镜（放大26倍）观测，立刻又捕捉到目标。原来它是一个微微移动喷着橘黄色火焰的飞行物，酷似一只羽毛球；亮度约4m（4等星），长度5′（角分），慢慢离开白雾状光团，尾部背向运动方向。我盯着目标约一两分钟，看到其尾部越来越小，直到只剩下头部亮点。

亮点仍继续移动，但是移动很慢，亮度逐渐下降。我根据亮点与周边恒星的相对位置，记下三个时间的对应位置与星等。

7月26日（北京时间）：

光团中心位置（22时10分）赤经α=16h10m，赤纬δ＝52°

光点位置：

时间22时16分 α＝15h50m（即15时50分，以下依此类推）δ=43°　星等6m（6等星）

22时18分 α＝15h47m　δ＝42.5°　星等6.5m（6.5等星）

22时25分 α =15h32m　δ =40°　星等9m（9等星）

α 、δ 为 α 2000，δ 2000（2000.0年历元）

可以看出，飞行物在近10分钟移动了大约5度，实在很慢，不是一般人造卫星。当时天空全晴，透明度在天顶可见5m星（5等星）。用100×目镜（放大100倍）看光点本身，分辨不出视面。

附录2 湖南资兴市的卜政东，1995年7月26日通过肉眼观测到不明飞行物，并做出了有价值的观测报告，对天文学家后来做科学定量分析起到了重要作用。

我是郴州师专数学系二年级学生，在家过暑假。昨天晚上（7月26日晚上）正当我在楼上画画时，突然，我大弟大声在楼下喊我："哥，你快来看啦！一个千载难逢的机会，你快来看啦！"我生性好奇，连忙扔下画笔打开了窗户，往大弟指向的北方天空一看，原来在小熊星座的2等星附近有一团亮亮的像云雾的东西，形状呈圆形。它越扩越大，亮度越来越暗。我生怕看不大清楚，赶紧跑下楼到大门前空坪上仰望星空，发现亮云（暂且这样称呼它）已经变得很大，亮度变暗了许多。但是，亮云使得小熊星座中的4等星、5等星变得难以寻觅，慢慢地亮云变成了斜上偏西面一个圆形，斜下偏东方一个弯月形，活像太阳与月亮合拢的图形。亮云又慢慢地扩大，原来形状又变了，变成了一水滴形，尖端接近天龙座；后来，尖端和周边又慢慢消去，形状变小，呈圆形，圆形像我最初见到的样子，只是亮度暗了许多，并且越来越暗，圆形越来越不清楚，持续了一会儿，亮度又继续变得越来越暗，越来越暗，最后在小熊座附近一圆形隐去，就再也看不见了。在看得很不清楚时（几乎快看不清了）我看了看手表，时间为10点20分左右。

当时，我认为这是一团被月亮照亮的白云，但是时值7月26日（农历六月二十九日）是没有月亮的，再说在东面看不见星星的天空有云遮挡，那些云都不呈亮白色，几乎看不清颜色，而我和大弟看到的亮云特别地亮白。我没看到全过程，很可惜。听我大弟说，最初在小熊星座出现一颗星，这颗星越来越亮，越来越亮，最大亮度时有飞机夜航灯那么亮。起初，他以为是飞机尾灯，但是他很快否定了这一点，因为这颗星不会像飞机灯一样闪烁，而且也不会像飞机一样移动。这颗星到最亮时，变成一团亮云，后来的情形我都看到了。这一现象延续时间较短，大约从10点6分开始，在10点20分左右结束（当晚北京时间）。

观测地点：湖南资兴市彭市乡丹坳村文基台

太空星球大碰撞

1968年12月，当飞临月球上空的美国宇航员回望浩瀚无际的太空时，他突然发现，天际悬挂着一颗无比美丽的星球，其体积比月球大得多。那蔚蓝色的是大海，白色的是飘浮的云朵，黄褐色的则是陆地。由于星球本身体积较大，又有大气层环绕，因而增强了它的反光性，看起来要比月球明亮许多。这就是美丽的地球！

真没想到，人类居住的地球，竟然是如此迷人的星球！我们竟然生活在如此美丽的环境中！然而，人类能够永远保持如此美好的家园吗？

星球碰撞艺术想象图（来源：NASA）

全球瞩目的彗木碰撞和对地球的启示

由于现代科技的发达，天文望远镜早已使“千里眼”变成了现实。

1993年3月24日，美国著名天文学家苏梅克夫妇和列维在美国帕洛马山天文台，用一架46厘米口径的施密特望远镜拍下了一组照片。在这组照片中，他们发现了一颗“被压碎了”的彗星，这颗彗星被命名为“苏梅克—列维9号”彗星，简称SL9彗星。美国的其他科学家得知这一消息后，立即从基特峰天文台用空间监测望远镜对其进行观察，证实了这颗彗星的存在。当时，这颗彗星的彗核已经分裂成了21颗，大的直径有3000米～4000米，小的也有500米左右。与众不同的是，这颗彗星的21颗彗核并不像通常的彗星那样，彗核分裂后便四散开去，而是排列成整齐的一行。从拍摄的照片上可看到，苏梅克—列维9号彗星具有惊人的美丽外貌，就像一串被人精心穿制而成的珠宝项链。这是一串多么巨大的项链啊，它的长度竟有近200万千米！

1993年5月底，著名天文学家、国际彗星小行星中心主任马斯顿推算出了苏梅克—列维9号彗星的轨道，发现它曾于1992年7月7日飞越木星上空，由于受到木星强大的起潮力作用，它的彗核瓦解。

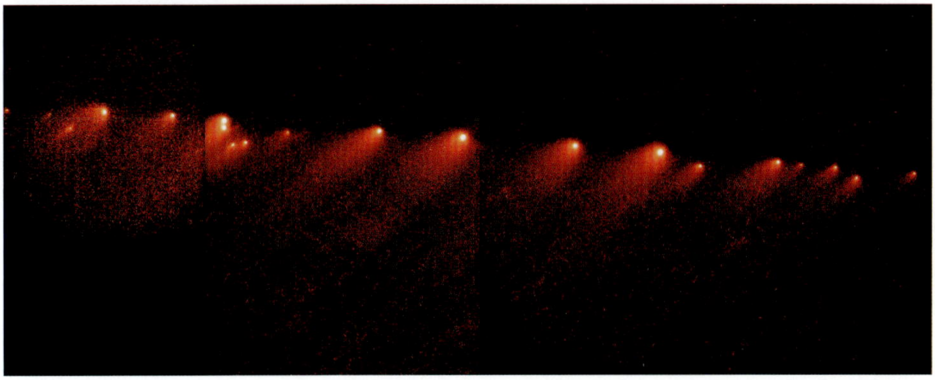

苏梅克-列维9号彗星分裂后像一串美丽的项链（来源：NASA）

彗核实质上是在茫茫太空中奔驰的“冰山”，有些相当小，直径只有几十米，有些相当大，直径可超过10千米。彗核就是由大量的冰物质和尘埃混杂而成的物体，冰物质大部分是水冰。由于冰物质中混杂大量的灰黑色尘埃物质，因此处在彗星中心的这座冰山看上去是灰黑色的。当彗星飞近太阳时，太阳光对彗核——冰山的强烈照射，使冰山表面的冰物质直接升华，喷射出大量的气体，并夹带出丰富的尘埃，看上去就呈现出毛茸茸的彗发。同时当彗星飞近太阳时，太阳辐射的压力增强，加上太阳风的吹拂，就将冰山（彗核）四周的尘埃、气体推向背向太阳的方向，形成长长的气体彗尾和尘埃彗尾。

马斯顿经过进一步推算，得出的结果令全世界都感到震惊：苏梅克—列维9号彗星将于1994年7月与木星撞个正着！木星，这颗从地球上看来亮度仅次于金星的第二亮星，是太阳系八大行星中最大的一颗，其赤道半径达71400千米，是地球的11.18倍。

彗木相撞时，彗星彗核的每一块大碎片都会引发剧烈的爆炸，其威力相当于上亿颗当年投在广岛的原子弹。如此可怕的爆炸景象，其后果又将会怎样，人类在地球上很难设想，更是无法模拟的。

哈雷彗星的彗核及喷射物，由宇宙飞船飞近拍摄（来源：NASA）

“彗木相撞”向人类提供了星体相撞的范例，成了宇宙空间内一次最好的撞击实验。难怪天文学家们不约而同地将自己的目光投向太空深处，投向了几亿千米以外的木星。

为了抓住这个千载难逢的

良机，1994年1月中旬，世界上12个天文台的200多位天文学家在美国马里兰大学聚会，制订了一项“国际彗星碰撞联测网实验计划”。4月18日，我国在南京也成立了“全国监测网联合协调组”，开始做彗木碰撞观测前的准备工作，笔者被任命为彗木碰撞全国监测网联合协调组秘书长。

在彗木碰撞期间，国内外的天文学家纷纷把望远镜指向了木星，在地面、空间与电磁波谱各个波段上，进行了全球性接力跟踪观测。

在我国，共有19架不同口径的望远镜，在9个观测点同时投入了联合观测。

1994年7月17日王思潮（中）、汪克敏和谭征准备用紫金山天文台60厘米口径望远镜观测彗星撞击木星

1994年7月，正如马斯顿所预言的那样，苏梅克—列维9号彗星以每秒60千米的宇宙速度，以排山倒海之势向木星冲击。北京时间7月17日4时15分，第一颗分裂彗核撞上了木星；紧接着，其余的分裂彗核也接二连三地向木星撞击。宇宙空间中的这场壮烈的天体大碰撞，整整持续了5天，直到7月22日才结束。

这次碰撞产生的能量，相当于20亿颗当年广岛原子弹爆炸的威力。爆炸所产生的火球，直径达10千米，温度超过7000摄氏度，比太阳表面的温度还要高。爆炸所产生的强光，连远在数亿千米以外的“伽利略号”宇宙飞船都能拍摄到。爆炸产生的抛射物，以每秒10多千米的速度冲上3000多千米的高空，形成了一个直径达1万多千米的暗黑色的尘埃云团，几乎和地球同样大小。这个尘埃云团，存在了几个月之久。天文学家们发现，尽管相隔如此遥远的距离，在哈勃空间望远镜所拍摄的照片上，却仍能看到苏梅克—列维9号彗星在木星上撞击出来的明显暗斑。

彗木碰撞的天文观测，可分为碰撞过程中的闪光观测和碰撞之后的效应观测两个阶段。

木星的自转速度很快，在每次撞击爆炸之后要不了半小时，撞击点就会转到木星的前面。这时，人们就能直接检测到爆炸的抛射物和“黑眼”之类的近期效应。此后，撞击的“创伤”又演变成暗黑的斑痕，在木星表面留存几个自转周期。这期间就能检测碰撞的中期与长期的后续效应了。

在撞击过程中，苏梅克—列维9号彗星彗核的每块碎片释放出来的能量，大约相当于上亿颗当年广岛原子弹爆炸的威力。由此可估算出，这些碎片的直径大多在1~3.5千米之间，所有碎片撞击后释放的总能量相当于40万亿吨TNT炸药的爆炸威力。因此，苏梅克—列维9号彗星在破裂前，彗核直径估计有近10千米。

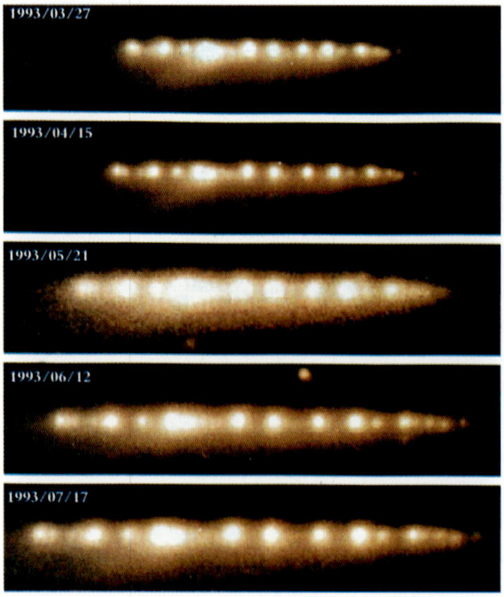

苏梅克–列维9号彗星分裂后的不同阶段（来源：NASA）

由于每块碎片的大小、质量和物质的组成不同，它们发光、爆炸的剧烈程度和后续效应的强弱也有所不同。其中，7月18日撞击木星的G15号碎片，爆炸时的闪光最强，释放出来的能量也最多，相当于6万亿吨TNT炸药或3亿颗广岛原子弹的爆炸威力。在撞击点上空，爆炸后的抛射物形成了一个抛物面状的云团，这个云团基本上呈圆形，中央一片暗黑，天文学家把这一奇异的结构戏称为“黑色的眼睛”。此

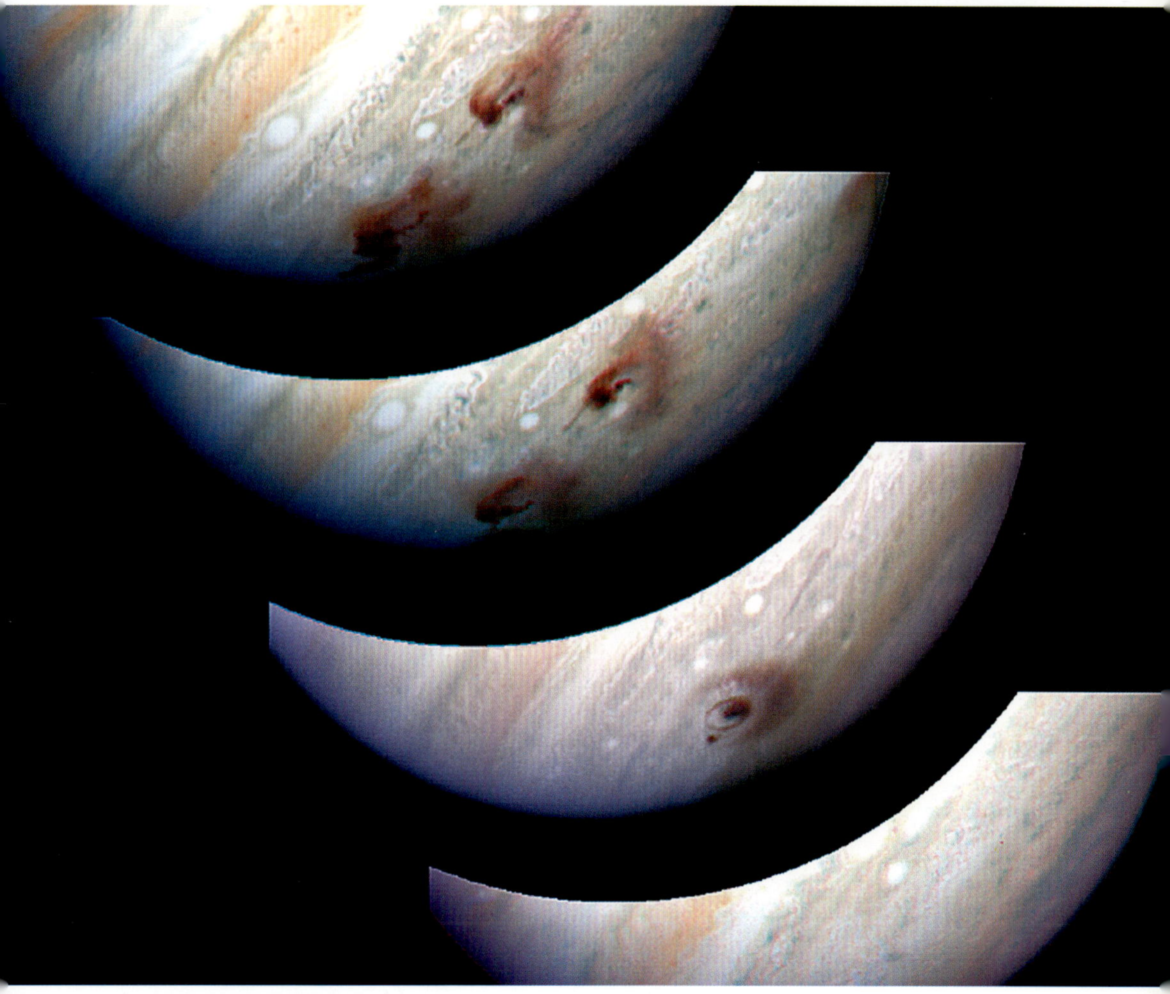

哈勃望远镜拍摄的彗木相撞后产生的暗斑多阶段照片，由下自上：撞击前—撞击后的早期暗斑（相当于地球大小）—撞击后的中期暗斑—撞击后的较后期暗斑（来源：NASA）

彗星彗核碎片的连续轰击示意图（上方圆形明亮光团表示撞击时爆炸的大火球）

后，这只“黑眼”逐渐回落、弥漫开来，而成为一片暗黑的大斑痕。在晴朗的夜空中，天文爱好者用自己的小口径望远镜也能观测到木星上这个撞击“疤痕”（斑痕）。

经过多次撞击后，木星的表面（在南半球）留下了累累斑痕。在这些斑痕之中，既有木星大气中多种气体的混合物，又有彗星碎块瓦解后悬浮的尘埃粒子。

在这次彗木碰撞期间，我国各天文台站总共进行了21个项目的观测研究，对那20多次撞击事件，我国联测取得了重要的资料和有意义的结果。

这次彗木大碰撞预报令人感到自豪和欣慰，因为我国的天文学家能对碰撞的时刻作出正确的预报了。

当时紫金山天文台行星研究室主任张家祥主持了我国的彗木大碰撞预报工作。他在太阳系动力学模型的基础上，结合彗木碰撞的特殊情况，创造性地提出了新的改进算法。张家祥和汪琦、杨捷兴、陈协珍以及笔者等人，在缺少临近碰撞前最后一批关键的国外观测资料的情况下，仅用486兼容计算机，独立进行了碰撞预报。预报时间与“伽利略”飞船测得的实际碰撞时间比较，误差仅为8.46分钟，精确度与美国宇航局喷气推进实验室的预报精确度相当。彗木碰撞预报的成功，是对张家祥创建的太阳系动力学模型最重要的实际验证。

1995年5月22日国际保卫地球学术讨论会各国代表合照（左起第七位是美国氢弹之父泰勒，右起第二位是著名天文学家苏梅克，右起第四位是王思潮）

在彗木碰撞事件之后，国际上召开了学术研讨会，中国天文学家应邀前往介绍中国的观测研究成果。

虽然由于距离极为遥远，这次宇宙星体相撞事件对地球环境并无产生影响，但还是震动了地球上的人类。人们不免产生这样并非多余的忧虑：地球会不会遭受与木星同样的命运？如果是同样的命运，会在何时、何地发生？人类

1995年5月26日王思潮在国际保卫地球学术讨论会上发言（地点：美国加州Livermore国家实验室）

彗木相撞时，苏梅克—列维9号彗星彗核不同的大碎块对应的不同撞击暗斑，撞击前每块大碎块的直径为3~4千米，紫外线2550埃拍摄（来源：NASA）

赖以生存的地球远比木星脆弱，直径仅仅相当于木星的1/11，体积仅仅相当于木星的1/1300。1945年8月6日，美国在日本广岛投下一颗代号为“小男孩”的原子弹，造成广岛市7.1万人死亡，约6.8万人受伤，全市40%的地方变成了一片焦土，92%的地方无法辨认出原貌。可以想象，如果地球遭受相当于几十亿颗广岛原子弹能量的袭击，那将是怎样一幅情景！

苏梅克—列维9号彗星，这串曾经美丽无比的“太空项链”的消失，已为人类敲响了警钟。

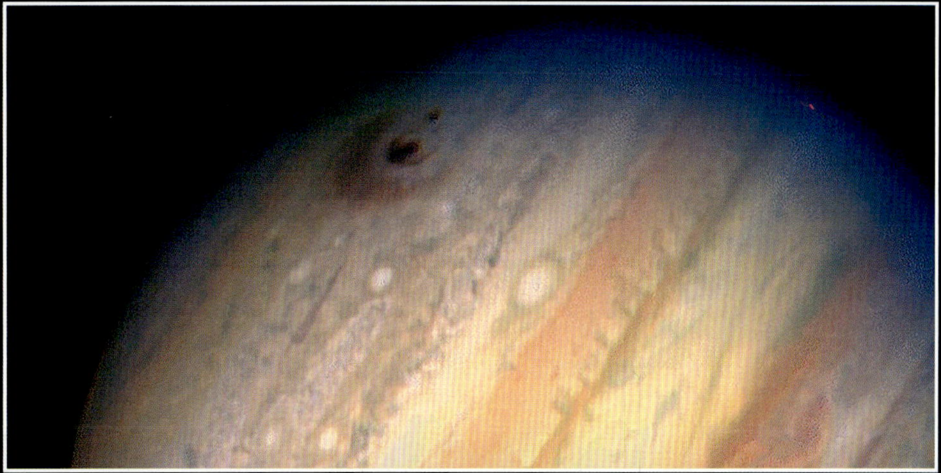

彗木碰撞后的“疤痕”（来源：NASA）

小行星撞击星球想象图（来源：ESO）

小行星和彗星对地球撞击的典型事件

2013年2月15日俄罗斯大火球事件

31岁的马拉特是俄罗斯的专业摄影师。2013年2月15日清晨，当他刚刚架起三脚架，将照相机安放就位时，他突然看到一颗火球瞬间点亮了清晨晴朗的天空。开始他以为是核弹侵袭，吓得瑟瑟发抖，但他还是本能地立刻进行抓拍。幸运的是，在大火球划过天际时他飞速拍摄下了最美的瞬间。

2013年2月15日俄罗斯火球事件的火球照片之一

2013年2月15日俄罗斯火球事件的火球照片之二

2013年2月15日俄罗斯火球事件的火流星余迹之一

2013年2月15日俄罗斯火球事件的火流星余迹之二

2013年2月15日俄罗斯火球事件的火流星余迹之三

2013年2月15日俄罗斯火球事件的火流星余迹之四

2013年2月15日俄罗斯火球事件的火流星余迹之五

陨石冲击湖面，形成了一个直径8米的冰坑（俄罗斯火球事件）

“当闪光绚丽到极限时，我感到自己脸上滚烫，眼睛也因为强光而疼痛。”马拉特在接受媒体采访时说，“我的想法很混乱，我下意识地认为这不是陨石，而是核弹。”闪光发生后的两分钟，陨石开始爆炸，释放出比广岛原子弹强大30倍的能量，随之马拉特便听到一系列“清晰且巨大”的爆炸声，在火球消失之后又出现了火流星的余迹。

2月15日，俄罗斯境内的车里雅宾斯克州、秋明州、库尔干州、斯维尔德罗夫斯克州，以及哈萨克斯坦境内的北部地区都遭遇了陨石雨，受影响最严重的是车里雅宾斯克州。

美国航天局评估称，产生这场陨石雨的小行星直径为15~17米，重约0.7~1万吨，这颗小行星在爆炸解体前有一辆大型公共汽车这么大。

因火球事件，俄罗斯境内多处建筑物严重受损

专家得出新的评估数据有赖于5个次声台站接收到的附加数据，其中一个位于阿拉斯

2013年2月15日俄罗斯车里雅宾斯克州发现的普通球粒陨石样品（右）

加，距离车里雅宾斯克州6500千米。次声台站的数据显示，小行星从进入大气层起到爆炸分裂共持续了32.5秒。

陨石和小行星的成分主要由岩石和铁镍物质组成，看上去有些像石块或铁块。

这颗小行星以每秒15千米的宇宙速度穿越大气层，巨大的冲击波随后对地面造成损害。其爆炸当量相当于50万吨TNT烈性炸药，二战时在广岛爆炸的原子弹的当量为1.5万吨TNT。在距离地面30~50千米时，这颗小行星发生爆裂，

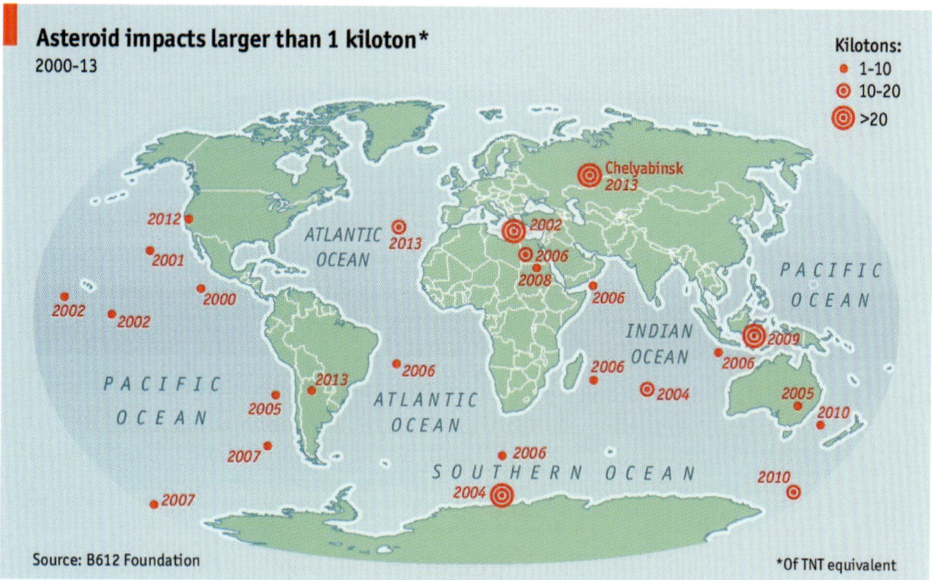

此示意图标明了自2000年以来撞击能量超过1千吨TNT的小行星陨落的位置，不过这些小行星大部分在高空爆炸

碎裂成一场陨石雨。

俄罗斯乌拉尔紧急情况地区中心16日表示，小行星在车里雅宾斯克州上空爆裂后，导致3724栋房屋、671个教育机构、11个社会重要设施、69个文化设施机构受损。小行星坠落后形成的冲击波共导致20万平方米玻璃受损。俄罗斯媒体当天晚些时候的最新报道称，受损的房屋已经超过4000栋。

俄罗斯政府方面称，已经有20000名援助人员前往事发所在地乌拉尔山地区，帮助人们处理小行星坠落造成的破坏，主要是救援和清理工作。

约有1200人在这次人类罕见的“飞来横祸”中受伤，其中有200名儿童，大部分伤者都是被玻璃扎伤的。

1908年俄罗斯通古斯大爆炸事件

1908年6月30日早上，一个巨大的火球突然横空出世，从印度洋上空飞速越过喜马拉雅山的群峰，以极快的速度向东北方向飞行。7时17分，这位天外飞来的“不速之客”已猛窜到俄国境内的贝加尔湖附近。周边的人们还未来得及从惊愕中反应过来，火球就在通古斯地区上空8000米处猛烈爆炸。这次爆炸威力之大，使得数千米以外的人们都可见到其亮光。以爆炸地点为中心的方圆

通古斯大爆炸现场遗迹

数十千米之内，顷刻变成一片焦土。周边2000平方千米以内的树木，不论是生长几百年的参天大树，还是矮小的乔木，全被爆炸所产生的巨大冲击波击倒。

美国亚利桑那州大陨石坑，直径约1245米，深200多米，是2.5万年前一颗直径约50米的铁质小行星撞击形成的

强大的冲击波几乎绕地球转了两圈之后，才慢慢减弱消散。爆炸产生的惊天动地的巨响，传到了1000千米以外的地方。大爆炸抛射到高空的大量细小尘粒被高空风带往7000千米以外的欧洲上空，它们在阳光的照耀下反射出强光。从那天晚上起，住在伦敦附近的人们惊奇地发现：晚上不用点灯也可以读书看报，持续时间达四个星期之久。

这次爆炸产生的能量，大约相当于300颗美国当年在日本广岛投下的原子弹。事后的研究与计算表明，造成这次大爆炸的，是一颗直径仅30米左右的小行星。如果这颗小行星迟四五个小时撞向地球，俄国圣彼得堡这座大城市就有可能从地球上消失。

尽管这颗小行星恰好落在了通古斯这个荒无人烟的地区，没有造成过多的人员伤亡和太大的经济损失，但却让人类充分领教了天体相撞所产生的巨大威力。

事实上，地球表面至今还存留着上百个陨石坑，分别记载着当年一颗颗小行星光临地球的历史事件。

6500万年前恐龙灭绝事件

大约在6500万年前，地球还曾遭受过一次天外星球的袭击，导致生态环境彻底改变。在地球上生活了上亿年的恐龙家族，这些当年不可一世的陆上“霸王”，在6500万年前的白垩纪和第三纪之间，突然全部消失了踪影，所有的大型动物完全灭绝。

是谁具有如此巨大的能量，能将遍布地球庞大的恐龙家族一下子全部灭绝？

让我们回溯一下历史。在6500万年前的某一天，一颗直径大于10千米的小行星，在墨西哥湾一带与地球轰然相撞，大爆炸所产生的巨大能量，将大量的尘埃抛向大气层。高空飘浮着的那层厚厚的细微尘埃，将阳光完全遮挡。地球上长期“暗无天日”，整个大地陷入了“星击之冬”，植物的光合作用被阻断，地球上的食物链被彻底瓦解，生存环境整个被颠覆，这不仅导致了恐

恐龙生活场景想象图

龙大家族的彻底覆灭，也使得当时地球上约2/3的动植物物种随同恐龙一起灭绝。从此以后，白垩纪终结了，地球陆地上凡是身长在一米以上的较大动物，都不见了踪影，留下的都是些身躯较小，具有较强的环境适应能力的动物。也就是在那时候，哺乳动物及后来的人类才有幸得到了进化的机会。

墨西哥湾尤卡坦半岛的“天然井环”，红色圆圈是6500万年前直径大于10千米的小行星撞击的大陨石坑位置

研究表明，当直径1千米以上的石质小行星与地球相撞时，会引起全球效应。其爆炸所释放的能量，至少相当于700亿吨TNT炸药所产生的威力。它除了能直接摧毁50万平方千米以上的区域外，还会将大量的细微尘埃抛向高空。这种全球性的厚厚尘埃层，将阻断地球植物的光合作用，形成“星击之冬”，从而造成全球性饥荒以及疾病流行等一系列互有关联的灾难。而6500万年前与地球相撞的那颗导致恐龙等生物灭绝的近地小天体，直径大于10千米，其爆炸的能量超过100万亿吨TNT炸药产生的能量。明白了这一点，我们再来看恐龙家族遭此灭绝的原因，也就不觉得奇怪了。

小行星撞击地球的分级、危害程度和撞击几率

由于人类自身对地球环境的破坏，已造成一系列严重的问题，例如温室效应、气候变暖、臭氧层空洞及各种污染，这些来自地球自身的全球环境问题已逐步引起各国政府的高度重视。然而，我们生存的这颗星球不仅受到人类自身对环境的破坏，而且还面临着来自外太空的威胁，那就是小行星和彗星对地球的撞击。

那么，什么样的小行星会对地球有威胁？在太阳系中，大多数小行星都在远离地球的火星和木星之间游动，但也有一部分小行星飞到地球公转轨道附

直径大于1千米的近地小行星撞击地球想象图

星击海啸想象图

近，被称为近地小行星，其中直径大于30米的近地小行星若与地球相撞，就会产生相当大的危害。这些小行星，许多是在它们飞近地球，成为不速之客时才被发现的。

直径大于1千米的特级近地小行星，总数约有981颗，估计平均50万年有一颗这样超重量级的小行星撞击地球，其爆炸威力超过一千万颗广岛原子弹，不仅将直接摧毁相撞地区上百万平方千米范围内的生物，而且其溅射的尘埃云将覆盖在全球的大气平流层之上，阻断阳光达数月之久。它将引发危害甚大的全球性“星击之冬”，使农作物大范围失收，引发社会秩序混乱，可能造成全球性的灾害，导致严重的人员死亡。

直径140米至1千米的重量级近地小行星，总数约有2万颗，估计平均5000年会有一颗这样重量级的小行星撞击地球，也就是说在未来50年内撞击地球的概率是1/100。它很可能会产生星击海啸，其灾害程度远远大于2011年日本大地震引发的海啸。由于世界的经济中心城市大多集中在沿海地区，因此有可能造成全球性的经济半瘫痪或瘫痪。

直径30米至140米的中量级近地小行星数以十万计，它将一举摧毁面积2000平方千米以上的地区，并可能燃起熊熊烈火（例如1908年俄罗斯通古斯大爆炸事件）。估计平均140年撞击地球一次，这意味着在21世纪还可能再次发生。

预测出与地球相撞的小行星

要想避免小行星撞击地球，首先是需要提前预报出撞击的时间和地点。

2008年3月7日，世界顶级自然科学刊物美国《科学》杂志发表了《预防世界末日》的新闻聚焦长文，综述小行星和彗星撞击地球的危险性和对策。

笔者从1987年初开始从事小行星撞击地球的观测研究。2008年3月29日，在接受新华社记者采访时，笔者从当时各国搜索的力度判断，预计在之后10年内，天文学家将预测出与地球相撞的小型小行星。

这个预言当年就变成了现实。2008年10月5日晚美国亚利桑那州天文系的卡特里那巡天系统（Catalina sky Survey）发现了一颗移动星星，便将其位置传给了国际天文联合会的小行星中心。第二天早上，小行星中心的负责人蒂斯帕尔博士上班时发现，这颗被临时编号为2008TC3的小行星正在飞向地球，距离已很近，似乎是冲着地球而来的。当时小行星中心根据少量观测数据，计算出与地球碰撞几率为80%。这颗新小行星立刻引起了全世界有关天文学家的紧急跟踪观测。在加入更多观测数据后，计算表明它与地球碰撞概率上升至100%。此时，它离撞击地球的时间已不到13个小时了！

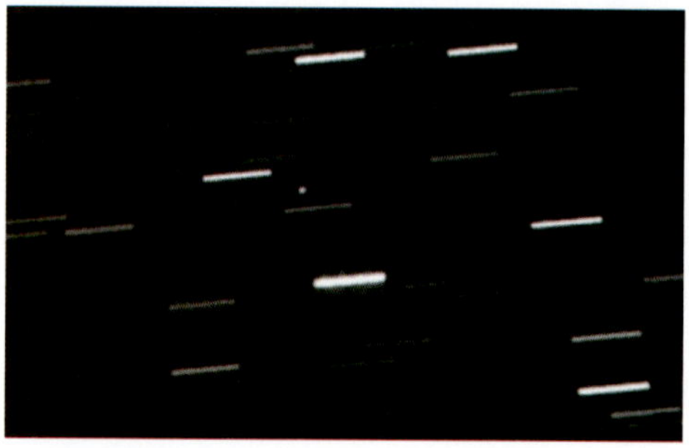

中间亮点为跟踪的小行星2008TC3，背景恒星呈拉长状

根据小行星2008TC3的运行轨道，天文学家预测它将于10月7日与地球相撞。该小行星的大小约为4米，重约80吨，预测相撞地点是非洲东北部的苏丹国北部上空。

美国宇航局喷气推进实验室近

英仙座流星雨与火流星

地天体项目办公室主任约曼斯博士的计算表明，这颗小行星将于苏丹当地时间凌晨5时45分28秒以每秒12.8千米的宇宙速度进入地球大气层，随着这颗小行星飞入地球大气层较低处，大气阻力越来越大，预计在5时45分54秒这颗小行星的减速将达到最大（以上两个时间的误差均为15秒），飞行方向由西向东（方位角为281度），飞行倾角（与地面的夹角）较小（19度），将释放出相当于1000吨至2000吨TNT炸药爆炸产生的能量，会出现十分明亮的火流星（最亮时间对应这颗小行星的减速达到最大时间的前后）。约曼斯博士预测，这颗小行星将在地球大气层中爆裂和烧蚀掉，碎块落地的可能性极小。如果有碎块落地，预计落地时间是5时46分20秒（时间误差为40秒）。

约曼斯博士是笔者的老朋友，他是国际上研究小行星轨道的权威之一，但他对火流星和陨石并不熟悉。根据笔者对1976年3月8日吉林陨石雨的火流星的野外调查和分析，在2008年10月7日小行星2008TC3碰撞地球之前，就曾质疑约曼斯博士关于陨石碎块难以落地的观点。

这次预报的时间确实十分精确。在苏丹当地时间凌晨5时46分，荷兰皇家航空公司KLM的飞行员在撞击点750海里之外报告看到巨大的火流星。

美国搜寻外星文明研究所（SETI Institute/NASA Ames）的天文学家延尼斯肯斯博士与喀士穆大学的穆·沙达德博士在苏丹当地拍下了火流星的余迹。此外，肯尼亚次声阵也观测到了明显的大气激波。

天文学家在小行星2008TC3与地球碰撞前，对它进行了分光观测，发现它的分类属于罕见的F型小行星。如果能找到与之对应的陨石，我们就能了解这类F型小行星的成分和结构，这对预防小行星碰撞有重大的意义。因此，小行星2008TC3与陨石回收可能会起到“罗塞塔石碑”的作用，向我们提供有关小行星的成分、结构和预防小行星碰撞地球的必要信息（罗塞塔石碑上刻有三种不同的语言版本，使得近代的考古学家有机会对照各语言版本的内容后，解读

小行星2008TC3的火流星余迹

2008TC3的陨石

出已失传千余年的埃及象形文字的意义与结构，因此成为今日研究古埃及历史的重要里程碑）。

延尼斯肯斯、穆·沙达德和喀士穆大学几十名师生，沿火流星飞行轨迹下方，在纵贯29千米的努比亚沙漠地带找到了47块陨石，实验室分析表明这是罕见的橄辉无球粒陨石。延尼斯肯斯说："新发现的陨石与迄今我们搜集的所有陨石样本都不一样。陨石是由黑色的多孔物质构成，这些物质十分易碎。"笔者估计，在这些陨石发现地区的东面，可能还有更大的陨石深埋在陨石坑里。

2009年3月26日，另一份世界顶级自然科学杂志《自然》报道了上述发现。这标志着天文学家已开始能够成功预测出与地球相撞的小行星，并了解相撞小行星的成分和结构，这是近地小行星观测研究的里程碑。

然而，由于直径30~1000米的中量级、重量级的近地小行星较小，在远离地球的时候，它们是很暗弱的星象，因此，现在绝大多数的近地小行星难以提前发现，尤其是很难在碰撞前提早5~10年发现。现在各国有关天文学家正在加大搜寻近地小行星的力度。

南半球的星迹——智利拉西拉天文台（来源：ESO）

地球的“哨兵”

从2010年开始，美国夏威夷的哈雷阿克拉（Haleakala）休眠火山顶部，有一架强有力的地面望远镜PS1开始全力以赴，搜索潜伏在夜空中的“太空杀手”，即指那些可飞到地球公转轨道附近的各个级别的近地小行星和彗星。

PS1天文望远镜是全景观测望远镜和快速反应系统（泛星计划）首架投入使用的望远镜，它是目前最强的监测“太空杀手”的地面望远镜，口径为1.8米。

这台望远镜的特点是：

视场大。它的视场面积是著名的哈勃望远镜主摄像头视场面积的3600倍，

夏威夷的Pan-STARRS PS1天文台日出景象

就像一张巨大的天网，撒向夜空。

灵敏度高。比起人类肉眼所能看到的最暗星星，PS1天文望远镜的灵敏度要高出几千万倍。

效率高。每隔30秒钟，PS1天文望远镜就能拍摄一张1400 兆像素的照片，它就像一部高速运转的机器，在无月之夜，每个晚上可拍下数以百计的照片，一两个月就能将整个浩瀚的星空搜索一遍。

PS1天文望远镜的主要目标之一是搜索地球附近大小在140~1000米的近地小行星和彗星。

天文学家是如何发现和监测这些危险的小行星呢?

天文学家用望远镜和十分灵敏的数码天文相机对晴朗的夜空多次间隔拍照，在这些望远镜的照片上，星星密密麻麻，看上去如同沙滩上的沙子，如何能从中排查出那些潜伏的“太空杀手”呢?

笔者在国外参加过搜寻近地小行星和彗星的天文观测。小行星相对于背景的恒星群会有缓慢的移动，天文学家可对着同一处星空拍摄3次，相邻两次相隔约半个小时，然后将3张照片导入一个软件。该软件把拍摄相同天区的图像做成一组动画，并自动标出其中移动的星星，这样就可以找出小行星或彗星了。

在找出小行星或彗星后，先测定每颗小行星或彗星不同时间的位置，然后计算出每颗小行星或彗星的运动轨道，如果发现有小行星会飞到地球近处，就加强监视，继续观测拍照。

对于放置望远镜的天文台站，有着非常严格的选址要求：首先要求远离城镇灯光的影响，笔者曾去过美国亚利桑那州著名的基待峰国家天文台，但是那里现在也开始受到较远处城市灯光的影响了；其次是要求晴夜数要高，要选气候干燥的山峰；第三是要求天气的宁静度好，要避免星象在大气中的抖动。

拒敌于“球”门之外

现在天文学家已发现了上百颗可能对地球构成潜在威胁的近地小行星及彗星，这些潜在威胁的近地小行星及彗星已在天文学家的监测之中，但真正危险的主要还是那些尚未发现的近地小行星，而且未发现的在数量上还占大多数。

对于地球来说，直径大于30米的近地小行星数以万计，如果与其中任何一颗相撞，都将带来或大或小的灾难。有些小行星还是结伴而行的，一旦冲向地球，地球将遭受多重打击。在地球表面，就发现过双小行星冲撞地球后留下的

将要与地球相撞的小行星艺术想象图

双陨石坑。

现在，公众还十分关心有没有关于小行星撞击地球的预警机制，比如一旦发现了有威胁的小行星，人类应该如何抵御来袭？

为此，全球的有关天文家早已行动起来。1991年以来，他们已举行了十多次国际性的会议，研究如何搜寻和防范宇宙天体的来犯以及如何减少其危害性。

1993年1月，科学家们在美国图森市召开了“彗星、小行星撞击地球危险性国际学术讨论会”，紫金山天文台张家祥先生和笔者应邀参会。会上，美国宇航局国际近地小天体探测小组提出建立“空间警戒搜索网”，建议在全球范围内建造6架2~3米口径的反光望远镜，并配以CCD探测器，专门用于近地小天体的监测和跟踪。

1993年4月28日至5月4日，在意大利埃里斯又召开了一次十分重要的国际学术讨论会。参加会议的有美、俄、中、英、法、日、印等十多个国家的60位天文、物理、空间科学、全球气候和环境等领域的专家学者以及国家政策的制订者，与会者讨论并通过了关于小行星或彗星碰撞地球问题的《埃里斯宣言》，其要点是：

1. 近地小天体的碰撞对地球环境和生命的演变起了非常重要的作用；

2. 如果不及时采取有力措施，从长远来看，近地小天体的碰撞有可能会结束人类的文明史；从短期来看，它们的威胁也并不亚于其他的自然灾害（如地震、洪水及其他气象灾害）；

3. 如果较小质量的近地小天体在国际紧张地区的上空爆炸，有可能会被误认为核攻击而导致人类做出错误的反应；

4. 无论对科学界还是对整个人类社会来说，加强对近地小天体及其对地球的碰撞效应的研究是有重要意义的，这种努力应在国际协同下进行，应发展类似已提出的“空间警戒搜索网”的专门国际天文系统。现在全球核战争危险性已经减少，过去冷战时期建立的军事防御系统的地面和空间观测技术，可充分利用于对近地小天体的搜索研究。

4700颗直径大于百米的小行星威胁地球

对地球有潜在威胁的小行星搜索，不仅已有一批地面望远镜，而且空间探测器也投入太空，2009年12月“广域红外线巡天探测卫星”在美国加利福尼亚州范登堡空军基地发射升空，一个月后即2010年1月14日正式投入使用。

对有潜在威胁的小行星的评估，不同的方法，评估结果会有所不同，但大体接近。

“潜在威胁小行星”是指地球公转轨道附近一类质量较大的小行星。它们的轨道距离地球轨道较近，即不超过800万千米，而且其质量足以穿透大气层，对地球某一地区或更大区域会造成严重伤害。

2012年，美国宇航局通过广域红外线巡天探测卫星对太阳系内对地球有潜在威胁的小行星进行了有史以来最全面的评估。评估结果为国际天文学家们提供了关于这些小行星的总数、来源以及可能带来的威胁等信息。

研究人员选择了107颗具有潜在威胁的小行星作为预测整个群体状况的样本。结果显示，直径超过100米的潜在威胁小行星总数约为4700颗，其中的20%~30%的小行星目前已经找到。与此前的研究相比，这一次关于这类小行星总数和体积的评估可信度更高。一旦这4700颗小行星中的一颗撞上地球，它们的大小（直径超过100米）足以穿透大气层并对地面造成强烈冲击，会对至少一个城市大的范围造成毁灭性打击。

“分析表明我们在寻找对地球构成真正威胁的天体方面有了好的开始，”美国宇航局近地天体项目负责人林德利·约翰逊说，“但还有很多小行星我们没有找到，未来几十年需要共同努力，找到所有可能会对地球造成严重伤害或成为探测目标的小行星。”

搜索潜在威胁小行星的进展及预期

自从1994年7月彗星猛烈撞击木星以来，天文学家们加大了对飞近地球公转轨道的近地小行星的搜索力度。1998年美国国会要求美国宇航局在2008年底前，找到并跟踪90%以上直径大于1千米的近地小行星，这样的小行星总数估计有981颗，截至2009年7月30日统计已发现了784颗直径大于1千米的近地小行星，尚未完成预定目标。在2005年，美国国会又要求美国宇航局在2020年前发现并跟踪90%以上直径大于140米的近地小行星。这样的小行星总数估计有2万颗，大多数尚未被发现，估计平均5000年会有一颗这样重量级的小行星撞击地球，也就是说在未来50年内撞击地球的概率是百分之一。30米直径至140米直径的中量级近地小行星更是数以十万计，大多数都尚未被发现。

这幅图像展示了一颗直径330英尺（约合100米）的中型小行星撞击伦敦后，伦敦市区和郊区被摧毁的情景，这表明近地小行星对地球的安全构成了严重威胁

小行星或彗星撞击地球与所处国家的地点有没有关系?

如果小行星或彗星撞击地球，不可能有一个国家能幸免于难，任何国家、任何地区都将面临着风险。但由于亚洲人口密集，其中多数国家应对灾害的能力又相对较弱，因此损失可能更大。一旦有小行星撞击地球，人口密集的亚洲将可能是“重灾区”。

尤其是当直径达1000米以上的小行星或彗星撞击地球时，产生的“星击之冬”全球效应，危及地球上的每一个地区。所以，如何预防“天外来客”的突然“造访”，就成了全人类共同面临的问题。小行星撞击地球问题目前已成为国际性热点话题。

美国宇航局已开始了新的“空间防卫二期计划”，该计划支持8架已有的近地小行星搜索望远镜和研究中心、数据中心。与此同时，美国空军也加紧建造由四台1.8米口径组成的全景巡天望远镜及快速反应系统（简称PS4），它将

美国广域红外线巡天探测卫星示意图（来源：NASA）

紫金山天文台盱眙站1.2米施密特近地天体探测望远镜观测楼（沈文翰摄）

对全部夜空从过去每两个月搜索一遍提高到每星期搜索一遍，并具有很高的灵敏度和分辨率，预测其工作效率将超过世界上现有近地小行星望远镜的总和。PS4的第一台望远镜已率先投入使用，其余三台也将随后完成。这样对于横冲直撞的小行星，人类的“侦察能力”将大大提高。另外美国国家科学基金会支持的8.4米口径大型综合望远镜（LSST）也将投入使用，其科学目标也包含了近地小天体的搜索，并且其工作效率比PS4更高。

除美国和欧洲外，中国、俄罗斯、日本、澳大利亚等国也开展了对近地小行星的搜索和研究。

我国是世界上人口最多的国家，更需要早日投入搜索，并跟踪事态的进展，防患于未然。紫金山天文台在江苏盱眙建立了近地天体观测基地，并成功安装了1.2米近地天体探测望远镜，于2006年开始了观测。

一旦发现来犯的小行星或彗星，如何御敌？

一旦发现来犯的星体，如何御敌于“球门”之外，以确保地球的安全？科学家们有办法了吗？

办法总是有的。1993年4月，在意大利埃里斯国际学术讨论会上，美国科学家提出了对近地小行星的空间拦截计划。美国氢弹之父泰勒博士和其他与会者一起，共同讨论了如何利用核爆炸装置对付近地小天体威胁地球安全的问题。

当发现宇宙星体向地球撞来时，如果它体积较小，人类可以预先发射火箭等爆炸装置，在远离地球的地方与来犯的宇宙星体相撞爆炸，将它炸成碎片，使它难以构成对地球的重大威胁。如果是一个块头较大的星体，人类可以用宇宙飞船装载爆炸装置，在其表面登陆并引爆，用爆炸的能量改变它的速度和原有轨道。一旦它的速度和轨道发生哪怕是一点点细微的变化，只要时间足够长，等它接近时就不知与地球相隔多少万千米了。这样，也就有效地避免了与地球的碰撞。

随着科学技术的迅速发展，人类将拥有更多对付那些“天外来客”的办法。到那时，甚至可以发射一个太空装置到来犯的星体上登陆，依靠强大的推

紫金山天文台1.2米近地天体探测望远镜

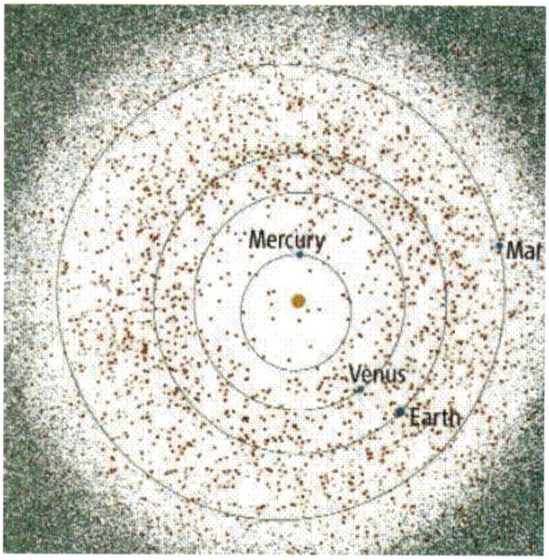

地球（Earth）轨道附近的近地小行星（图上的点）

动力，控制它的飞行方向，并让它成为地球的一颗小月亮。这样，既可以避免它与地球相撞，人类又可以登星考察和采矿。

美国成立行星防御协同办公室防小行星撞地球

2016年1月，美国宇航局宣布成立“行星防御协同办公室”，该机构将负责搜寻潜在的近地天体，制订小行星碰撞应急反应预案，避免危险近地天体碰撞地球。

设立在华盛顿的行星防御协同办公室（PDCO）将不间断地搜寻掠过近地轨道的小行星和彗星，同时与灾难救援机构合作制订应急预案。美国宇航局表示，迄今为止地球没有遭受任何已知小行星的威胁，但是近期小行星事件暗示着未来可能潜在着危险。该机构的主要任务是预防任何潜在的小行星碰撞威胁。现在科学家每年发现大约1500颗近地天体（NEOs），自1998年美国宇航局投资小行星搜索项目以来，现已发现13500多颗近地天体，其中大多数都是块头小的小行星。

由于90%以上直径大于1千米的特级近地小行星已被发现，美国宇航局现在已开始重点关注相当于足球场大小的小行星。美国宇航局科学任务委员会副主管约翰·格伦斯菲尔德说：“小行星探测、跟踪和地球防御是非常重要的，美国宇航局及其跨部门合作方都非常重视。虽然当前没有已知的小行星碰撞威胁，但是2013年车里雅宾斯克州的超级火球和近期的‘圣诞小行星’，时刻提醒我们需要保持警惕，或许未来地球面临着与小行星碰撞的威胁。”

新成立的这个行星防御协同办公室将拓展合作伙伴，与联邦应急管理局

（FEMA）、国防部，以及其他美国和国际机构建立合作。该机构将与欧洲航天局小行星碰撞和偏转评估组合作，研究偏转和重新定向危险天体的方案，避免小行星或者彗星碰撞地球。

Swedish-ESO 15 m亚毫米波望远镜（来源：ESO）

打胜“太空保卫战”

我们要努力在下一次星击海啸事件前，预测出与地球相撞的大中型小行星，并用火箭或飞船运载爆炸装置在小行星附近引爆，以改变其速度和方向，从而打胜这样一场地球的“太空保卫战”。小行星撞击与大地震、严重气象灾害等相比，它是人类至今唯一可能避免的重大自然灾害。只要世界各国足够重视，共同努力，采取强有力的措施，防患于未然，就能将损失尽可能减少，使人类的文明史能够千秋万代地延续下去。

预测21世纪将发生的重大事件

根据近30年的观测调查，笔者预测21世纪还将发生三大相关事件：

一、可能再次发生与1908年通古斯大爆炸能量相当的小行星或彗星撞击地球事件，由于近一百多年来地球上人口猛增，撞击所造成的损失将大于1908年通古斯大爆炸。

二、人类将首次进行改变小行星撞击地球的“实弹”演习。

随着强有力的PS1（全景观测望远镜和快速反应系统）的进一步搜索，随着其他地面望远镜和空间探测器的投入，在未来十年内，天文学家所发现的近地小行星数目将成十倍地增长，并可能提早数年发现直径大于2米的将与地球相撞的小型小行星，估计其直径在10米以内，相撞时的速度高达每秒15千米，其爆炸当量在1000吨至10万吨TNT烈性炸药。这样就可能看到像太阳一样的明亮火球在地球高空划过并爆炸，但估计不会造成大范围的重大灾害。天文学家可以从中取得精确预测小行星飞行轨道的“实战经验”。航天部门还可以选择一两颗小型小行星，在碰撞地球之前，用火箭或宇宙飞船进行改变小行星轨道的演习，为避免今后大中型小行星撞击地球取得珍贵的经验；或者开启小行星捕获任务，发射轨道飞船将一颗小行星拖回地月系轨道。该任务实施过程中可能会有私人航天企业的介入，比如允许开展小行星采矿业务。现在每年发现超过900颗的新小行星从地球不太远处飞过，从小行星上获得金属和燃料，将对太空产业的发展起到很大的促进作用。

三、未来20年内，美国的宇航员将登上小行星。

未来人类也许将登上小行星（来源：NASA）

天方夜谭般的世界末日传言

美国大片《2012》的逼真特效场景、似乎言之有理的“科学推论”和人类文明几乎完全灭绝的残酷结果，让不少普通观众看后有了几分恐慌和担忧。随后又有一些“预言家”借近年来日本、中国的大地震火上加油。那么电影《2012》和世界末日的传言，到底有几分真实性呢?

“太阳特大风暴导致地球末日”说

根据《2012》影片中的说法，世界末日的到来是由于2012年太阳进入异常活跃期，它发出的大量中微子让地球内部温度猛增，引起大陆板块急剧移动和

美国电影《2012》海报

碰撞，并由此在全球范围内引发火山爆发、地震等超级地质灾害，出现南北磁极互换，最终形成高达1500米的超级海啸横扫全球，摧毁地球上绝大部分的生命。

那么，这个幽灵般的元凶——中微子，究竟是什么东西呢？实际上，中微子是一种不带电荷的基本粒子，由恒星内部的热核聚变产生，并向外高速发散。它的体积和质量都极小，具有极强的穿透能力，能自由地穿越墙壁、铁板，甚至地球，而行星几乎不发生任何变化。中微子不仅穿透力强，而且它几乎不和任何物质发生反应。据估算，每秒钟穿过人体的中微子多达几万亿个，但并不会对人体造成什么影响。抵达地球的中微子基本上完全穿透地球后继续飞向太空。太阳活动带来的中微子数量变化，不可能像电影《2012》中说的那样会加热地球内部。

天文学家已对太阳做了200多年系统的科学观测，发现太阳活动有平均11年的变化周期，即将进入的是第24个活动周期的峰年期（指2012年前后，编者注）。在峰年期，有时会出现大的太阳风暴，致使地球电离层受到骚扰，影响短波通信。现在，手机和全球定位系统（GPS）使用已经非常普及，现代社会对电子设备、短波通信等技术的依赖日渐加深，一旦出现太阳风暴可能会导致更大影响，航天活动和北美局部地区的供电系统也可能会遭受损失。根据天文学家的分析预计，第24期的太阳活动和以前相比并无大的异常，加上地球有两个保护层——大气层和磁层，这就大大减轻了太阳风暴对地面公众生活的影响。因此，虽然大的太阳风暴对地球会有影响，但是这跟地球到了世界末日还是两回事。

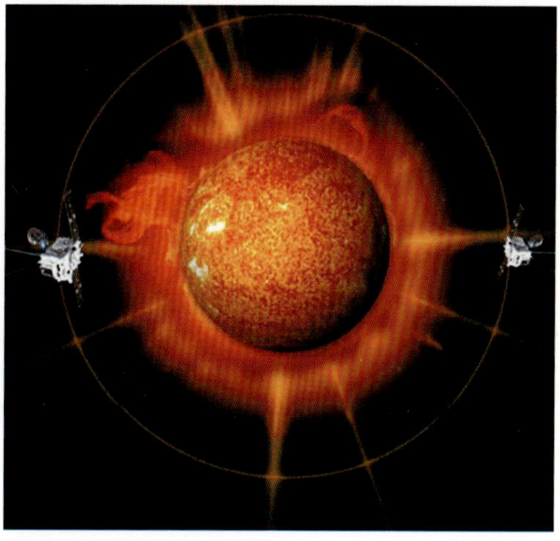

立体太阳像

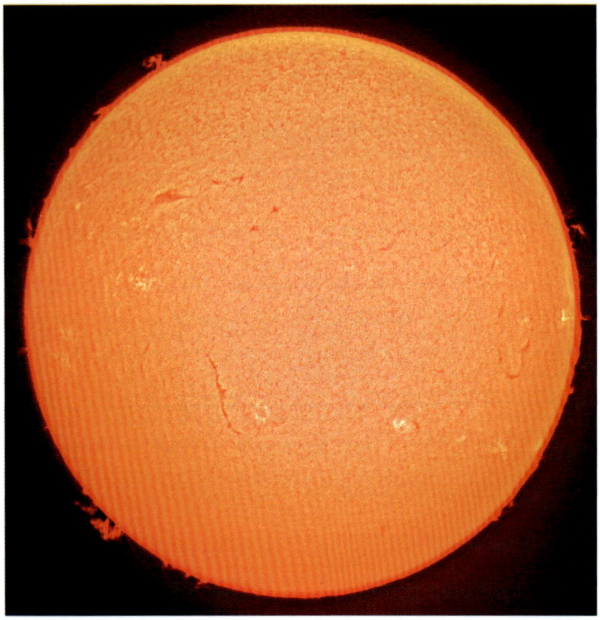

太阳Hα像

“天体重叠现象导致地球末日”说

一些星象学家曾经预言，2012年可能会出现“天体重叠”。这种“天体重叠”现象每2.6万年出现一次。根据“天体重叠”的预言，太阳在天空中的运行线路将会穿过银河系的中央。许多人担心这种天体“错位”会让地球处于更为强大的未知宇宙力量的牵引之下，加速地球的毁灭：要么引起地球两极互换，要么在银河系中心形成一个巨大的黑洞。

上述说法是对天文学的无知，完全是无稽之谈。

银河系极其浩瀚，直径高达8.2万光年（1光年相当于10万亿千米），这意味着从银河系的一端发短信到另一端，即使以每秒30万千米的速度传送，也要8.2万年后才能到达。太阳只是银河系2000亿颗恒星中一颗普通的恒星，它离银河系中心非常远，相距约2.7万光年。太阳在银河系中以每秒250千米的速度绕银心旋转，运行一圈约2.4亿年。太阳的运行很有规律，它在天空中的运行线路不可能穿过银河系的中央，就如同地球绕太阳公转已约有46亿圈，可从未绕转到太阳那里一样。

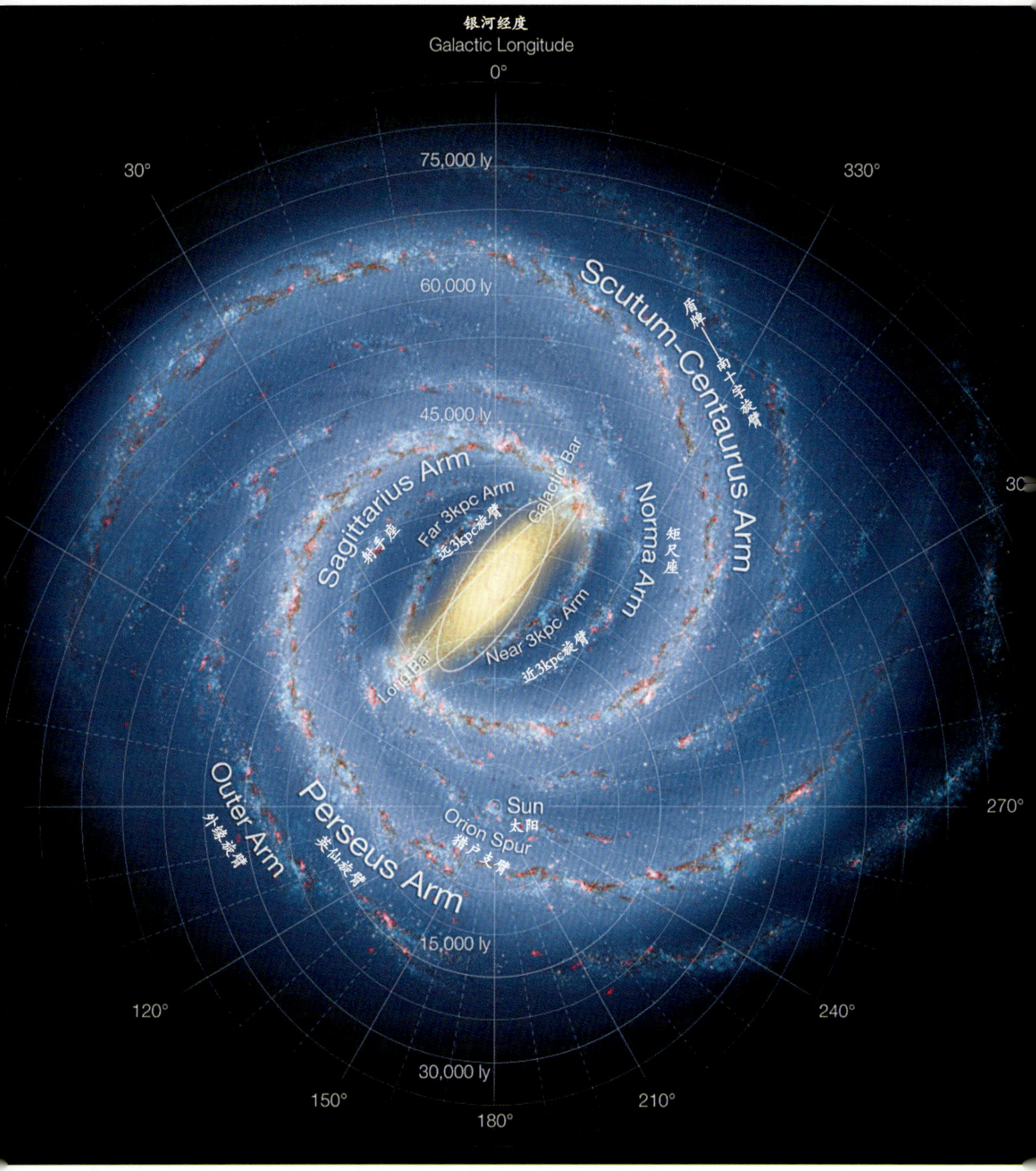
银河经度
Galactic Longitude
0°
30°
330°
75,000 ly
60,000 ly
45,000 ly
15,000 ly
30,000 ly
Scutum-Centaurus Arm
盾牌——南十字旋臂
Sagittarius Arm
射手座
Far 3kpc Arm
远3kpc旋臂
Galactic Bar
Norma Arm
矩尺座
Near 3kpc Arm
近3kpc旋臂
Long Bar
Outer Arm
外缘旋臂
Perseus Arm
英仙旋臂
Sun
太阳
Orion Spur
猎户支臂
270°
120°
240°
150°
210°
180°

银河系结构示意图

“南北磁极倒转导致地球末日”说

根据对历史上各地质时期岩石磁化方向的研究，科学家发现地球曾经多次发生磁极倒转现象，从人类开始绘制地图的近几百年时间里，南北磁极的位置就已漂移了几百千米。但是，磁极倒转是一个需要持续若干万年的缓慢过程，它的变化速度之慢让人类根本感觉不到；而且，地球上几次大的生物大灭绝事件也和磁极倒转的时间不吻合，在人类几百万年的进化史中也多次遭遇过磁极倒转现象，但人类并未遭遇到世界末日。

“尼比奴小行星撞击地球导致地球末日”说

20世纪60年代，一部科幻作品在书中创造了一颗名为“尼比奴”的小行星，并说远古的苏美人预言，它将在2012年12月撞击地球。实际上，“尼比奴”小行星纯属杜撰，根本没有事实依据。从1973年起，美国、澳大利亚、中国、俄罗斯的天文台就已先后投入力量搜寻地球的“太空杀手”。太空杀手即指那些可飞到地球公转轨道附近的近地小行星和彗星。如果真有“尼比奴”这样一颗小行星在2012年12月撞击地球，天文学家早就发现了。事实上，这个传言也已经不攻自破了。

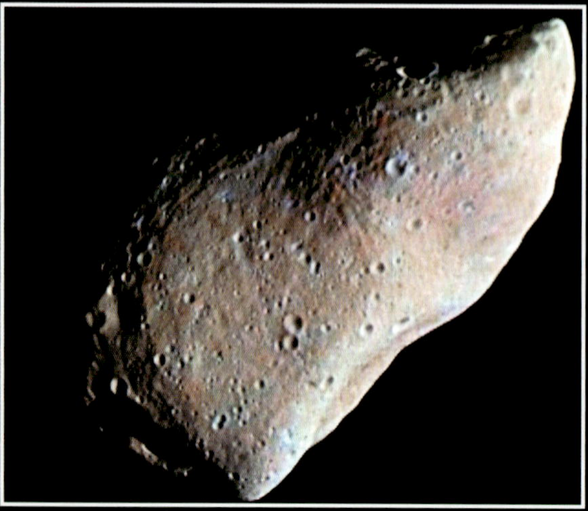

伽利略探测器于1992年6月8日拍摄到的小行星加斯普拉（来源：NASA）

以上关于世界末日的各种传言，虽然犹如天方夜谭一般，但是小行星和彗星撞击地球的危险性确实是存在的。对于直径大小在140～1000米的那些可飞到地球公转轨道附近的近地小行星和彗星，估计平均5000年会有一颗这样重量级的小行星撞击地球，也就是说在未来50年内撞击地球的概率

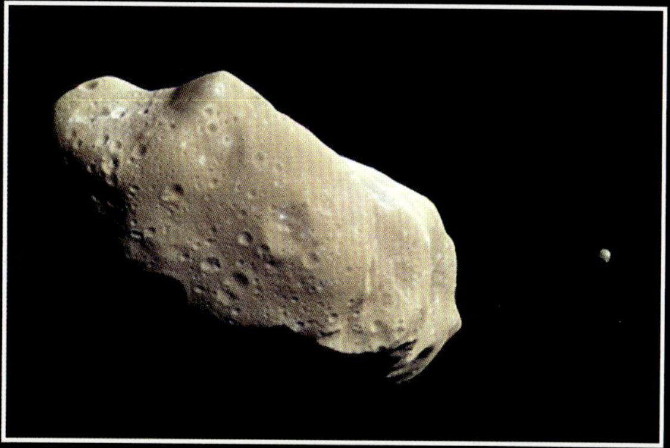

伽利略探测器于1993年8月23日拍摄到的小行星艾达（来源：NASA）

是1/100。它很可能引起星击海啸，其灾害远大于2004年印度洋大海啸。现在各国的天文学家已总共发现几十万颗小行星，其中可能对地球构成一定威胁的有近千颗，它们已在有关天文学家的监测之中。

随着电影《2012》的热映，全球掀起一股关于“地球末日”的讨论热潮。实际上当太阳从现在的稳定状态过渡到红巨星时，体积会剧烈膨胀，甚至将地球吞没，这才是地球真正意义上的末日，不过届时人类已有能力开拓新的星球家园。当然，这一切还要再过50亿年的时间。事实上，玛雅历法中的2012年只是一个纪年轮回的结束，并非是世界末日。

为了大大减少今后重大灾难的损失，人类不仅要做好应急的对策研究，更重要的是要做好前瞻性的研究和决策。如果说，好的应急对策研究能减少50%的损失，那么，好的前瞻性的研究和决策将减少90%以上的损失。试想，若有一颗重量级的小行星撞击地球，造成全球性的经济半瘫痪，即使再好的应急对策，损失也是非常巨大的；若事前早发现，并将其改变轨道，避免撞击，那损失就小多了。

科学家认为，对灾难要有忧患意识，这种忧患意识应建立在科学基础上，要防患于未然，但不必过度恐慌。

鸣 谢

为本书提供照片的有：紫金山天文台陈向阳、张旸、李广宇、孙立南和王英，北京天文馆李良，南京图书馆徐春生，江苏沈文翰，河南张大庆，西藏李玉发，甘肃崔宗福，四川何春林等。书中还有部分照片来自美国宇航局（NASA）、欧洲南方天文台（ESO）、中科院国家天文台等。

对以上各位朋友和机构的热心支持与帮助表示由衷的感谢。